건축, 흙에 매혹되다

BÂTIR EN TERRE

by Romain Anger and Laetitia Fontaine

ⓒ Éditions Belin/Cité des sciences et de l'Industrie, 2009

ISBN 978-2-7011-5204-2

국립중앙도서관 출판시도서목록(CIP)

건축, 흙에 매혹되다 : 지속 가능한 도시의 꿈 / 래티티아 퐁텐, 로
맹 앙제 지음 ; 김순웅, 조민철 옮김. -- 파주 : 효형출판, 2012
　　p. ;　　cm

원표제: Bâtir en terre
원저자명: Laetitia Fontaine, Romain Anger
감수: 황혜주
프랑스어 원작을 한국어로 번역
ISBN 978-89-5872-108-6 03540 : ₩20000

건축 재료[建築材料]
토양[土壤]

541.4-KDC5
691.4-DDC21　　　　　　　　　　CIP2012000809

건축, 흙에 매혹되다

지속 가능한 도시의 꿈

래티티아 퐁텐 · 로맹 앙제 지음
김순웅 · 조민철 옮김
황혜주 감수

효형출판

일러두기

이 책의 원서는 2009년 10월 6일부터 이듬해 6월 27일까지 프랑스 파리의 라빌레트
과학산업관에서 열린 전시회 '나의 원초적 흙: 내일의 건축을 위하여'를 기념하여 출판하였다.

한국의 독자들에게

《Bâtir en terre》의 한국어 번역판은 목포대학교와 사단법인 한국흙건축연구회의 특별한 관심과 열정이 나은 결과다. 우선 황혜주 교수, 김순웅 박사, 조민철 연구원에게 감사의 마음을 전하고 싶다. 흙건축에 대한 그들의 열정은 이 책의 3부에서 소개하는 흙재료의 미래 지향적 연구 결과를 통해 잘 알 수 있다. 흙을 시멘트 콘크리트와 같이 매우 유동적인 상태로 조합해 적용한 기술은 세계 어느 나라에서도 이루지 못한 최첨단 연구 결과다.

이러한 열정에 힘입어 오늘날 한국은 흙건축의 현대화에 가장 앞장선 나라가 되었다. 이는 한국에서 진행하는 진취적인 연구와 다양한 실험을 통해 엿볼 수 있다.

앞으로 다가올 미래에는 산업화의 결과물인 철과 시멘트에 의한 이익은 더 이상 없을 것이며, 산업화 재료들은 인류 역사에서 점차 잊힐 것이다. 따라서 흙건축은 21세기 건축의 향방을 결정하는 중요한 미래 지향적 잣대가 될 것이다.

마지막으로 이 기회를 통해, 흙건축의 길을 열었던 故 정기용 교수와 흙건축의 유망주였던 故 신근식 교수를 추모한다.

래티티아 퐁텐 · 로맹 앙제
그르노블 건축대학 흙건축연구소(크라테르)

추천의 글

이 책은 프랑스 국립 그르노블 건축대학 흙건축연구소 크라테르CRAterre
의 연구 결과를 집대성했다. 크라테르와 렌조 피아노 빌딩 워크숍Renzo
Piano Building Workshop은 재료의 가치에 주목, 그 재료의 건축으로서의 변
형 가능성을 연구하는 건축가들이라는 점에서 같은 성격을 띤다.

이 책을 편찬하기까지 래티티아 퐁텐과 로맹 앙제가 많은 수고를 했
다. 아울러 파트리스 도아, 위고 우방 등 크라테르의 구성원들은 건축 분
야에 존재하는 허영심, 그리고 예술지상주의적인 접근의 유혹에도 불구
하고 원리와 본질을 추구하고자 노력했다. 그러한 발자취가 영화의 필름
처럼 이 책에 고스란히 담겨 있다. 이들의 연구 업적을 치하한다.

'지속 가능성sustainability'은 이 시대의 큰 흐름이다. 시대를 앞서 이미
오래전부터 그러한 가치에 눈뜬 크라테르의 연구자들은, 방법론적이고
과학적인 분석을 통해 지역 건축의 본질을 연구함으로써 흙이라는 재료
의 진실성을 우리에게 알려왔다.

흙으로 지은 건축물은 인류가 각지의 환경에 적응하며 지속해온 삶의 결과가 오늘날 세계적 보편성을 확보하고 있음을 증명해 보인다. 가장 다루기 쉽고 활용의 폭이 넓은, 가장 풍요롭고 아름답고 다양한, 가장 안정적이면서도 변화가 가능한 재료, 흙. 흙은 다른 무엇보다도 근본적인 재료다.

프랑스 국립 그르노블 건축대학과 그랑 아틀리에, 그리고 크라테르는 살아 있는 건축을 수행하는 곳이라는 점에서 찬사를 받음은 물론, 현대의 건축적 사고에서 대단히 중요한 위치를 차지하고 있다.

렌조 피아노 빌딩 워크숍

머리말

지금으로부터 30여 년 전, 흙건축은 대학 교육과정에 포함되어 있지 않았고 이 분야 전문가도 거의 사라진 상태였다. 이런 분위기 속에서 1979년에 그룹 '크라테르'가 결성되었다. 건축가, 엔지니어, 민속학자 등을 중심으로 구성된 이 그룹은 몇 년 뒤 그르노블 건축대학의 연구소로 자리잡았다. 30여 년간 진행된 흙건축에 대한 조사와 보존, 새로운 연구 등과 같은 이들의 개척자적 노고가 없었다면 이 책은 세상 빛을 보지 못했을 것이다. 크라테르는 '흙으로 건축하기'라는 기술에 관한 개론서를 펴냈다. 두 해 지난 1981년에는 도시계획가 장 데티에Jean Dethier가 '흙으로 지어진 건축'이라는 제목의 대규모 전시회를 퐁피두 센터에서 개최했다. 흙건축의 문화적 다양성과 그 우수함을 선보인 전시였다.

1989년에는 〈흙 구조물 보고서〉가 발간되었다. 이 보고서는 최근까지도 이 주제를 다룬 가장 완성된 일반 매뉴얼로 평가되어왔다. 그 10년 후인 1998년, 그르노블 건축대학의 크라테르 연구소가 진행하는 2년간의 특별 과정을 이수한 흙건축 전문가들은 자신들의 연구 및 교육 센터를 설립했다. 유네스코의 '구축문화와 지속적인 개발로서의 흙건축 위원회' 이름 아래 형성된 국제적인 대학 교육 네트워크는 바로 이 기관에서 비롯되었다.

그리고 2009년, 장 데티에의 퐁피두 센터 전시회가 개최된 지 28년이 지난 시점에, 크라테르는 파리의 라빌레트 과학산업관과 함께 '나의 원초적 흙: 내일의 건설을 위하여'라는 제목으로 대규모 전시회를 개최했다. 이 책은 바로 이 전시와 동시에 발간되었다. 아울러 이 발간 작업은 흙건축 재료에 대한 과학적 접근을 모색하며 2004년에 시작된 '건축가의 입자들'이라는 교육 프로그램의 연장선상에 있다. 즉 이 책은 흙건축이라는 테두리 안에서 교육, 과학, 문화를 접목하고자 노력해온 크라테르의 지난 30여 년의 활동 성과를 한데 집약한 완성본이라 하겠다.

이 책의 대상 독자는 일반 대중과 전문가를 아우른다. 우선, 과거부터 현재까지 세계 각지에 지어진 흙건축물을 선별하여 소개한다. 이어 흙재료를 활용한 실험적인 접근과 가장 최근의 연구 결과를 다양하게 제시한다. 원초적 재료들의 과학적인 이해를 통해 흙건축의 세계를 좀 더 심도 깊게 소개하기 위함이다. 이 책의 독창성은 바로 여기에 있다고 할 수 있다. 이 책의 내용과 관련된 영상 자료와 몇몇 개별 사례들에 대한 설명, 그리고 참고 문헌은 원서 출판사인 벨랑의 웹사이트www.editions-belin.fr에 접속하면 볼 수 있다.

차례

왜 흙으로
건축을 하는가?

발밑에 있는 흙을 이용한 건축

중국의 만리장성은 지구상에 지어진 가장 중요한 건축물이다. 그런데 이 성곽은 일반적인 상식과는 다르게 돌로만 구축되지는 않았다. 수천 킬로미터는 흙으로 만들어졌다. 마치 카멜레온처럼 주변의 자연 환경에 따라 돌 위에서는 돌로, 흙 위에서는 흙으로, 모래 위에서는 모래로 축조되었다. 재료 선택의 기준은 매우 단순하다. 축조 현장의 발밑, 즉 주변에서 쉽게 얻을 수 있는 재료를 성곽 축조에 활용했다. 이 광대한 규모의 건축을 수행하는 데, 특정한 재료를 찾아내어 각지의 공사 현장으로 옮기기란 사실상 불가능했다. 예를 들어 바위가 돌출한 산악 지역이라면 자연스레 돌이 최우선으로 사용되었을 것이다. 여기서 중국의 북서부 지역에 주목할 필요가 있다. 광대한 평야와 고비사막 등의 사막지대가 펼쳐진 이 지역의 대표적인 재료는 바로 흙이다. 한편 소성벽돌이 흔하지 않은 이유는, 그것을 만드는 데 필요한 땔감 수급이 어려웠기 때문이다.

지속 가능한 발전을 위한 건축

어떤 장소의 지질학과 그곳의 건축 간의 관계는 세계 어디서나 같다. 세계 모든 지역의 사람들은 집을 지을 때 그들 지역에서 쉽게 얻을 수 있는 재료를 이용한다. 그 대표적인 재료가 바로 흙이다. 사용할 수 있는 유일한 재료가 흙인 경우도 많다. 현재 흙으로 만든 집에서 살고 있는 사람은 세계 인구의 반 이상으로 추정한다.

흙건축은 친환경 건축 전시회장에서나 볼 수 있는 분야가 아니라, 인류가 유목에서 정착 생활로 전환한

식물이 생장하는 지표면 아래 심토를 흙건축의 재료로 사용한다.

채취한 흙은 변형 없이 바로 사용하거나 채치기, 빨기, 반죽과 같은 작업을 거쳐 사용한다.

토공이 흙벽돌을 만듦으로써 최초 원료인 흙이 건축재로 변형한다.

벽돌을 이용해 궁륭형 아치를 만든다.

이후 고착된 가장 기본적인 건축 방식이다. 1만 년 역사의 이 오래된 전통은 견고한 건물을 짓는 경험을 낳았고, 점진적으로 주거, 마을, 도시로 확장해갔다. 이러한 흙건축의 전통은 문명의 초기부터 가장 최근의 개발에 이르기까지 큰 흐름을 이어왔다. 인류가 어려운 상황에 봉착할 때마다 해결책을 내놓았음은 물론, 오늘날에도 전 세계의 주거 문제와 에너지 고갈, 기후 문제 등에 새로운 해법을 제안하고 있다. 이렇듯 흙건축은 지속 가능한 발전을 실현하는 가장 현실적인 대안으로 자리매김하고 있다.

다양성의 보존

제2차 세계대전 이후 선진국에서는 흙건축이 더 이상 통용되지 않았다. 그런데 최근 들어 몇몇 재능 있는 건축가가 이를 재조명하고 있다. 건축 종사자 대부분은 흙을 아무런 상업적 가치가 없는 진흙 덩어리 정도로 여기지만, 재료의 근본이 되는 힘은 역설적이게도 이러한 평범함에서 기인한다. 흙의 평범함은 문화적·기술적인 다양성을 만나 비로소 빛을 발한다. 시대를 초월해 현대에도 살아 숨 쉬는 전통이라 할 만하다.

재료의 중심에서

우연치곤 신기하게도, 흙건축에 관한 새로운 관심이 형성될 즈음에, 그 재료에 대한 이해를 돕는 중요한 이론적 도구들이 과학 기술에 힘입어 개발되었다. 이와 관련한 내용은 이 책의 2부에서 볼 수 있다. 생동감 있는 다양한 실험을 통해 모래, 흙 그리고 물의 특이한 현상들을 관찰할 수 있는데, 이러한 세 가지 기본 요소는 현재 흙에 관한 과학적 탐구에서 핵심적인 촉매 역할을 하고 있다. 새로운 기술의 시대에서도 본질, 즉 재료에 대한 지식은 건축의 미래를 위한 혁신적인 원동력이 될 것이다.

이 기둥들과 아치 그리고 궁륭형 아치는 흙벽돌로 만들었다.

흙구조물은 비를 피하도록 계획된 건물 안에 통합된다.

콜롬비아의 도시 바리카라Barichara처럼 여러 동의 건물이 하나의 단지를 이루기도 한다.

중국 간쑤 성의 자위관Jiayuguan. 만리장성의 서쪽 끝 관문인
이곳의 성곽은 이 지역에서 유일하게 구할 수 있는 재료인 흙으로
만들어졌다.

모래 알갱이에서 건축까지

가장 흔하게 쓰이는 재료인 흙은 흙벽돌 등
다양한 건축 재료로 가공할 수 있다. 이러한
재료들은 벽, 아치, 궁륭형 아치, 둥근 천장과
같은 다양한 건축 요소로 재구성된다. 이렇게
재구성된 흙구조물은 빗물로부터 보호하고자
세운 건물 안에 통합된다. 흙건축이 모여 하나
의 도시를 형성하기도 하는데, 흙으로 이루어
진 수천 명 규모의 도시는 주변의 자연적·문
화적 환경과 완벽한 조화를 이룬다.

세계의 흙건축

사막이나 암석이 많은 지역에서 흙건축은 자연경관과 일체를 이룬다. 산악 지대의 아래에서는 집들이 마치 한 가족인 양 땅 위에 뿌리를 내리고 있다.

이러한 땅은 수백만 년에 걸쳐 주변 산지의 영향 아래 형성되었다. 산의 바위는 시간의 흐름 속에서 복합적인 과정을 거치며 마모되고 깨지며 점점 작아진다. 바위가 부서진 잔재인 이 부스러기들은 다양한 크기의 입자로 변모한다. 모래, 점토, 그 밖의 다양한 입자들은 광물이 변형하는 과정 속 한 순간의 형태라 할 수 있다.

이 거대한 지질학적 순환 과정에는 인간이 참여하는 부분도 있다. 계곡 아래 흙을 구성하는 입자들, 시간에 따라 자연스레 분류된 이 재료들을 이용해 단단한 벽돌을 만들고, 이를 쌓아 벽을 만든다. 흙건축은 자연이 만드는 예술작품의 연장선상에 있다. 사막이나 산악 지대 마을에 지어진 흙건축물, 인간이 만든 이 인공 바위들은 자연경관과 조화롭게 어우러진다. 그러다가 주민이 모두 떠나고 버려진 뒤에는 자연스레 흙으로 되돌아가고, 이 입자들은 지질학의 역사 속으로 돌아갈 것이다. 자연스러운 재료 순환을 통해, 흙건축은 지구의 거대한 지질학적 순환에 참여하는 셈이다.

오늘날 지구상 곳곳에는 흙건축 작품이 가득하다. 재생과 순환, 그 수천 년 전통을 자랑하는 이 건축물들은 생태·문화적으로 매우 우수하고 사회·경제적으로도 큰 가치를 지닌다. 이 책을 통해 세계문화유산의 대표적인 사례들을 살펴보고, 메소포타미아 문명 이후 현대에 이르기까지 적용된 흙건축의 기술을 함께 찾아보자.

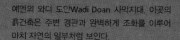

예멘의 와디 도안Wadi Doan 사막지대. 이곳의
흙건축은 주변 경관과 완벽하게 조화를 이루어
마치 자연의 일부처럼 보인다.

1

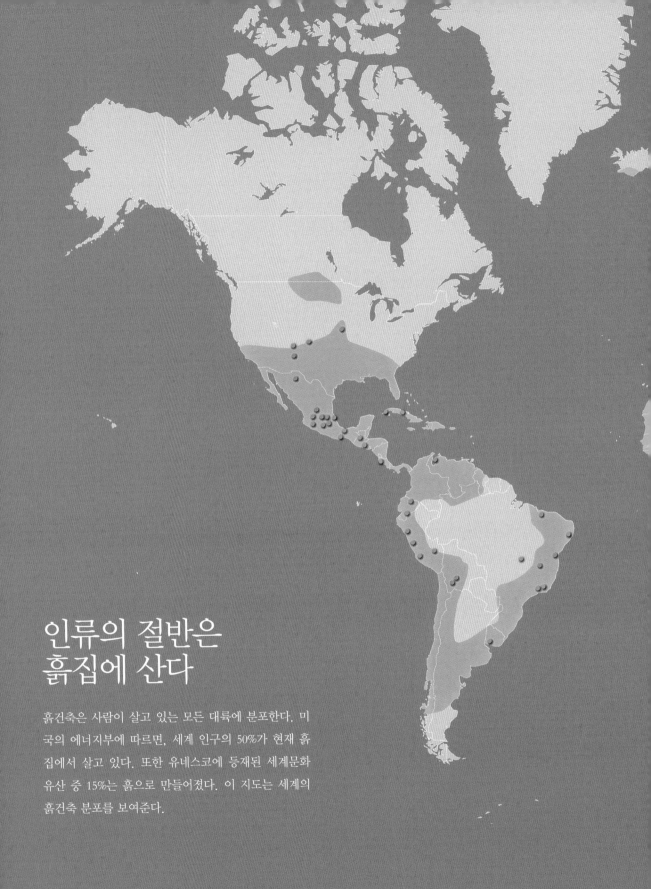

인류의 절반은
흙집에 산다

흙건축은 사람이 살고 있는 모든 대륙에 분포한다. 미
국의 에너지부에 따르면, 세계 인구의 50%가 현재 흙
집에서 살고 있다. 또한 유네스코에 등재된 세계문화
유산 중 15%는 흙으로 만들어졌다. 이 지도는 세계의
흙건축 분포를 보여준다.

흙건축 분포 지역

유네스코 등재 세계문화유산

사막의 도시들

악조건의 기후 속에서 최소의 재료만을 활용해 발전한 사막의 도시들이야말로
진정한 생태적 도시라 할 수 있다. 그들 대부분은 흙으로 건설되었다.
나무와 돌이 없고 흙이 유일한 재료이기에 다른 선택이 불가능했을 것이다.
다행히 이 재료는 주거를 서늘하게 유지하고 통풍을 원활하게 하는 등
사막 생활에 특히 적합한 특성을 지닌다.
여기서 살펴볼 시밤과 가다메스는 유네스코 세계문화유산에 등재된 지역으로,
전 지구적으로 에너지 위기와 지구 온난화 현상이 심화하고 있는 이 시대에,
미래 도시의 새로운 방향성 모색에 새로운 영감을 제공한다.

예멘의 시밤에 있는 흙건축물들은 **16세기**에 형성된 것으로, 세계에서 가장 오
래된 마천루라고 불린다.

사막의 맨해튼, 시밤

흙덩어리로 만든 건물들

'사막의 맨해튼'이라 불리는 시밤Shibam은 도시 전체가 흙으로 만들어졌다. 예멘의 하드라마우트Hadramaout 지역에 위치한 인구 7000여 명의 이 도시는, 세계에서 가장 오래된 마천루로 불린다. 수직 구조물을 근간으로 도시가 형성된 최초의 사례로, 유네스코 세계문화유산에 등재되었다. 건물 500여 동은 대부분 16세기에 지어졌다. 그중에는 높이 30여 미터에 달하는 8층 규모의 건물도 있는데, 이는 흙으로 만든 주택 중 세계에서 가장 높이 지은 사례다. 이곳 건물들은 위로 갈수록 구조물의 폭이 점차 좁아진다. 또한 건물 하부에는 가급적 개구부를 만들지 않았다. 이러한 방법들 덕분에 이처럼 높은 구조물의 실현이 가능했다. 시밤의 흙건축물에는 놀라운 점이 또 하나 있다. 모든 건물을 틀을 이용해 만든 흙벽돌, 즉 어도비adobe로 만들었다는 점이다. 별다른 장비의 도움 없이 사람의 손만으로 마천루를 일군 것이다.

미래의 도시를 위한 모델

최근 들어 많은 에너지와 공간을 소비하는 도시화가 비판되고 있다. 많은 도시학자들은 미래의 녹색 도시는 교통이 환경에 미치는 영향을 최소화하기 위해 고밀도로 집중화할 것이라는 점에 동의한다. 세계적인 건축가 렘 콜하스는 아랍에미리트의 사막에 생태적 도시를 만드는 데 한 사례로 시밤을 언급했고, 저명한 하이테크 건축가인 노먼 포스터는 흙을 기초로 삼는 고대 기술로 세운 시밤의 도시계획을 예로 들며 아부다비의 한 프로젝트를 제안한 바 있다.

시밤의 건물들은 고층을 향해 갈수록 벽이 얇아지고 개구부가 넓어진다.

시밤에서 북동쪽으로 10km 떨어진 타림Tarim의 이슬람 사원에 있는 미나레트(minaret. 첨탑). 높이 53m로, 세계에서 가장 높은 흙건축물이다.

가다메스의 주택 지붕을 덮고 있는 석고로 된 흰 모자들은 태양의 빛줄기를 연상 시킨다.

7개 지역으로 나뉜 도시는 모두 커다란 종려나무 근처에 건설되었다.

사막의 진주, 가다메스

리비아의 가다메스Ghadames는 튀니지와 알제리의 국경에 인접한 도시다. 오아시스에 건설되어 '사막의 진주'라 불리는 이곳은, 사하라 사막지대에서 가장 오래된 도시다. 고대 로마 제국의 사하라 지역 영토 중 가장 멀리 떨어져 요새화한 곳으로, 상인들의 행렬이 계속 증가하면서 수세기 동안 이 지역의 대표적 상업 도시로 이름을 떨쳤다. 중동, 아프리카, 그리고 마그레브 지역(리비아, 튀니지, 알제리를 포함하는 아프리카 서북부 일대)이 만나는 곳에 위치해 당대의 사상이 교류하는 도시이기도 했다. 이곳 사람들은 사막의 환경과 완벽하게 조화를 이루는 흙건축을 기반으로 도시를 형성했다. 순수하게 현실적 필요성에 의해 만들어진 생태적인 주거의 대표적인 사례로, 유네스코 세계문화유산에 등재되었다.

혹독한 기후
수백 킬로미터에 걸쳐 점토와 모래, 돌이 전부인 광막한 사막지대. 이처럼 혹독한 환경에 적응하기 위한

몇 가지 조건이 있었다. 일단 자급자족을 위해 오아시스 주변 땅을 최대한 경작지로 이용해야 했다. 한 증막과 같은 기후에 견디려면 환기와 통풍이 원활해야 했다. 또한 사막의 약탈자들로부터 생명과 재산도 지켜야 했다. 경작, 통풍, 방어라는 세 가지 조건을 모두 만족시키는 방법은 바로 도시의 밀집과 집중화였다. 집들을 따로 떨어뜨리지 않고 다닥다닥 붙여지으면 경작지로 쓸 땅을 더 확보하게 되고, 뜨거운 태양열에 드러나는 외벽의 면적도 줄일 수 있었다. 아울러 이렇게 이어진 집들은 자연스레 긴 벽을 이루어 마치 성벽을 갖춘 요새와 같아졌다. 사막과 오아시스라는 환경을 적극 활용하여 가혹한 기후 조건을 극복한 것이다.

쾌적한 온도를 유지하는 도시
오래된 도시의 테라스 위에는 백색 석고로 만든 도료를 칠했다. 태양열을 반사해 집이 뜨거워지지 않게 하려는 것이다. 집들은 뜨거운 태양열을 차단한 미

지붕을 덮은 통로 주변과 그 상부에 겹쳐 지은 집들로
도시는 높게 건설되어 있다.

로처럼 좁은 통로 위나 그 주변에 지어졌다. 통로에
는 규칙적인 간격으로 구멍을 내 햇빛이 들어오도록
했다. 또한 수직 구멍들은 위치와 크기에 따라 바람
을 들이는 통로이자 공기를 내보내는 굴뚝 역할을 하
며 도시를 서늘하게 유지하는 기능을 했다. 이렇게
형성된 자연적인 통풍 시설은 길에서부터 집 안까지
이어졌다. 이 통풍 시설과 각 가구의 중심 공간에 뚫
어놓은 구멍은 상호작용을 통해 실내의 더운 공기를
밖으로 배출했고, 이로써 적절한 온도를 유지할 수
있었다.

가다메스의 기원

넴로드Nemrod 족 기사들의 전설에서 가다메스의
기원을 발견할 수 있다. 이 기사들은 성경에 나오는
인물로, 뜻밖에 도래한 대홍수 이후 최초로 제국을
세운 사람들이다. 이들이 사막을 누비고 다니다가
잠시 휴식을 취하던 중 말 한 마리가 발굽으로 땅바
닥을 찼는데 그곳에서 물이 나왔다. 그때부터 '말의
샘'이라는 이름으로 불렸다고 한다. 지금으로부터
5000년 전의 일이다. 그 후 가다메스 도시는 이 샘
을 중심으로 7개의 지역을 형성하며 확장해 역사적
인 마을이 되었다. 특이한 관개시설 덕분에 가다메
스는 사하라에서 최초로 요새화된 도시 중 하나가
되었다.

전통적으로 가다메스의 남자들은 지
붕 덮은 길을 이용했다. 한편 여자들
에게는 테라스가 이동과 소통의 공간
이었다.

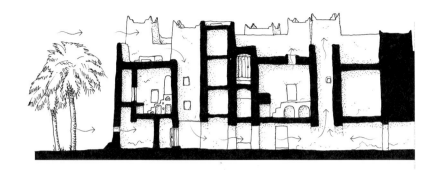

빛이 내려오는 수직 구멍으로 바람이 들어와 통로가 환기되고, 이 공기는 다시 작은 수직 통로로 빠져나간다.

열기를 차단해 실내 보호하기

흙으로 만든 가다메스 주택의 보와 벽은 낮과 밤의 실내 온도 차를 감소시켜 실내 공기를 서늘하게 유지한다. 테라스 형태의 지붕은 외부에 노출된 건물 면적의 80%를 차지한다. 예로부터 가다메스의 석공들은 이 부분에 각별히 신경을 썼다. 그들은 50cm 두께의 판을 설치하는 데 주저함이 없다. 큰 종려나무가 중심 공간을 지탱하고 있음을 감안하더라도, 이렇게 큰 하중을 갖는 판을 설치하는 데 찬성하는 엔지니어는 어디에도 없을 것이다. 그러나 가다메스의 석공들은 이 테라스가 지닌 에너지적인 장점을 포기할 수 없었고, 이에 따라 종려나무를 활용한 치밀한 건축 계획에 진력했다. 판의 상부 절반은 가볍고 다공질인

두 개의 켜로 구성되어 있다. 하나는 석고 재질의 자갈들로, 다른 하나는 흙 분말로 이루어져 이다. 스펀지와 같은 이 두 개의 켜는 빗물을 흡수하고 밤의 냉기와 낮의 열기를 감소하는 역할을 한다. 한편 판의 하부 절반은 다진 흙으로 만드는데, 구조적인 기능과 함께 단열재 기능을 수행한다. 가다메스 주택이 갖춘 자연형 냉방 시스템의 핵심은 흙에 포함된 점토다. 온도가 오르면 점토 표면에 있는 수분이 증발하면서 실내가 시원해진다. 벽이 숨을 쉬는 셈이다. 체온을 일정하게 유지하고자 인체의 피부가 수행하는 작용과 같은 원리다.

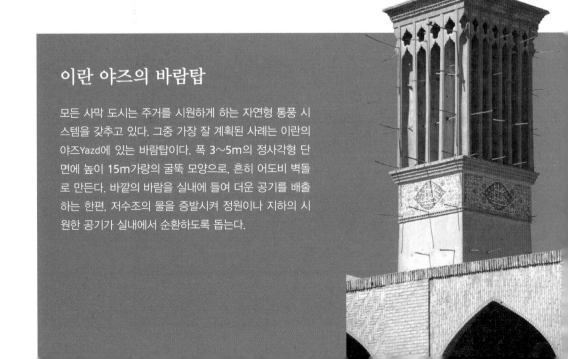

이란 야즈의 바람탑

모든 사막 도시는 주거를 시원하게 하는 자연형 통풍 시스템을 갖추고 있다. 그중 가장 잘 계획된 사례는 이란의 야즈Yazd에 있는 바람탑이다. 폭 3~5m의 정사각형 단면에 높이 15m가량의 굴뚝 모양으로, 흔히 어도비 벽돌로 만든다. 바깥의 바람을 실내에 들여 더운 공기를 배출하는 한편, 저수조의 물을 증발시켜 정원이나 지하의 시원한 공기가 실내에서 순환하도록 돕는다.

사막의 주거

흙은 고온지대와 사막지대에서 이상적인 건축 재료다.
북아프리카의 오아시스 지역과 중동의 도시들은
대부분 흙으로 집을 지어왔다.

모로코 크사르Ksar 중심부에 있는 지붕 덮은 길은 이 지역에서 유일하게 서늘한 곳으로, 뜨거운 여름을 보내기에 알맞은 장소다. 북아프리카 베르베르Berber 지역 고유의 건축적 특징이 살아있다.

나즈란Najran의 오아시스는 사우디아라비아의 숨은 보물이다. 흙으로 만든 성곽 모양의 건축물은 인접한 북예멘 지역 문화가 섞인 결과물이다.

시리아 알레포Aleppo 농촌 지역의 대표적인 주거 형태. 건조한 기후로 나무가 충분치 않은 이 지역에서는 흙벽돌로 된 둥근 지붕이 발달했다.

사우디아라비아의 리야드에서 20km 떨어진 역사적 도시 디리야의 샤드 이븐 사우드Saad Ibn Saoud 궁전. 1744년 이후 사우드 첫 번째 왕조의 왕자가 살던 집이다.

오만의 바흘라 요새는 18~19세기에 흙벽돌로 지어졌다.

이란에 있는 밤Bam의 성채는 2003년의 지진으로 많은 부분이 파괴되었다.

모로코 크사르의 아이트 벤 하두Ait Ben Hoddou 요새 마을. 모로코에는 이와 같이 경이로운 흙건축 사례가 다수 보존되어 있다.

사막의 건축가, 릭 조이

릭 조이Rick Joy는 오아시스 도시의 전통을 새롭게 잇는 미국의 건축가다.
그는 애리조나 사막지대에서 흙건축을 과감히 현대화하는 작업을 하고 있다.
그의 건축물은 흙다짐 공법을 기초로 지은 벽들 덕분에 주변 환경과 잘 어우러진다.
또한 흙을 이용함으로써 얻는 열에너지적 이점을 통해 쾌적함을 부가한다.

흙과 현대건축

많은 유럽 국가와 미국, 호주, 일본의 건축가들은 흙
이용의 현대화에 노력을 기울이고 있다. 이는 각 지
역의 위치와 기후에 따른 전통적인 주거에 주목하기
시작한 이후의 움직임으로, 천연자원의 양이 절대적
으로 한정되어 있음을 문득 깨닫게 한 1973년 오일쇼
크가 직접적인 계기가 되었다. 토착적인 건축은 지역
민의 필요에 따라 그곳에서 사용 가능한 재료를 이용
한다. 흙은 현장에서 직접 구해 사용 가능하므로 운
반할 필요가 없고, 변형을 위한 내재에너지가 필요
없으며, 우수한 열적 특성을 지니고 있다. 이 장점들
은 지구 온난화 현상을 막고 에너지 소비를 감소하기
위한 일련의 움직임에 훌륭한 답을 제시한다. 바로
릭 조이와 같은 재능 있는 건축가들이 이러한 운동을
이어가고 있다. 그는 프랭크 로이드 라이트의 계승자
로 평가받기도 한다.

자연경관 안에 짓기

프랭크 로이드 라이트는 건축계를 변화시킨 상징적
인 인물이다. 그보다 앞선 선각자들은 국제주의 양식
international style이라는 근대건축의 길을 열었다. 건물
들은 과거의 전통에서 완전하게 벗어났다. 명칭에서
알 수 있듯이 이 양식은 콘크리트나 유리, 철을 주로
사용하는 근대건축을 발전시키고자 지역적인 특성을
모두 지웠다. 이러한 첫 번째 변화를 기반으로, 새로

운 재료의 사용은 공간에 대한 사고방식에 변화를 불
러왔다. 프랭크 로이드 라이트는 역설적이게도, '자
연경관의 삽입'이라는 전통건축의 본질적인 특징에
대한 새로운 접근을 통해 두 번째 변화를 추구했다.
이른바 '유기적인 건축'이 그것이다. 그에 따르면 건
축은 살아있는 유기체처럼 자라나야 하는데, 이는 인
간의 요구와 대지의 특징이 조합한 결과물이다.

사막의 건축

같은 미국 건축가인 릭 조이의 작업은 그 연속선상에
있다. 최근의 연작은 대부분 사막지대에 세워졌으며
대지의 감수성을 포용한다. 그는 특히 흙다짐 방식의
기술에 애착을 갖고 있다. 거푸집 안에 포수飽水 상태
의 흙을 얇은 켜로 쌓아나가는 방식이다. 이러한 방
식으로 만든 벽은 일체화된 석재의 모습과 흡사하다.
방식은 콘크리트와 비슷한데, 주변 자연경관의 색을
한 층 한 층 담아 표현해내는 섬세함을 지녔다. 이러
한 흙다짐 기술의 결과로 탄생한 겹겹이 적층된 수평
선들은 마치 퇴적으로 형성된 자연석의 단면처럼 보
인다. 그리고 무엇보다도 축열 효과를 통해 한낮의
무더위를 막고 실내의 일교차를 최소화한다.

↓ 전통적인 사막의 건축들은 개구부가 작고 그 수도 적다. 햇빛을 가급적 차단하기 위함이다. 1997년에 애리조나 주 투손Tucson 시에 세워진 이 스튜디오 건물도 마찬가지다.

↑↓ 흙다짐으로 만든 벽은 시공 기술 특성상 수평선이 강조된다. 연이은 주거군은 마치 레이저 광선에 잘린 자연석과 같이 주변 환경에 완벽하게 어우러진다. 투손 시 근처에 지은 이 집의 색은 애리조나 사막의 색채를 잘 표현하고 있다.

천장의 열린 틈으로 햇빛이 들어와 실내의 벽면에 비끼며 자연스러운 조명을 연출한다. 이 빛은 고유한 질감을 갖는 흙다짐 벽과 움푹 들어간 벽감壁龕들과 어울려 독특한 물성을 자아낸다.

흙건축 기술 12가지

흙건축 기술은 매우 다양하다. 그중 12가지 방법을 소개하고
있는 이 표는, 흙을 건축 재료로 사용하는 당시의 수분 상태에
따라 구분한다. 흙재료의 수분 상태는 건조, 습윤, 소성, 점착,
액상으로 나눈다.

1. 파낸 흙

2. 덮은 흙

3. 채운 흙

4. 자름 흙벽돌

5. 압축 흙

6. 세공한 흙

7. 쌓은 흙

8. 어도비

9. 압출한 흙

10. 심벽

11. 황토 콘크리트

12. 볏단벽

흙재료의 수분 상태

건조 상태

1	2	3	4

(수분 비율: 0~5%)

건조 상태의 흙은 블록이나 덩어리 형태로 보이며 장비 없이는 부수기가 어렵다. 반대로 가루 상태의 흙은 덩어리가 될 수 없다. 물은 흙재료를 변형할 수 있는 중요한 요소다.

습윤 상태

1	2	3	4	5

(수분 비율: 5~20%)

분말로 분해된 습윤 상태의 흙을 만지면 습기를 조금 느낄 수 있다. 그러나 형태를 만들기는 쉽지 않다. 손 안에 흙을 한 덩어리 넣어 단단하게 누른 다음 땅바닥에 떨어뜨렸을 때 여러 개의 조각으로 나뉘면 습윤 상태의 흙으로 볼 수 있다.

소성 상태

6	7	8	9	10

(수분 비율: 15~30%)

찰흙 놀이가 가능할 정도의 흙이다. 잘 뭉쳐져 덩어리를 만들기는 쉽지만 손에는 잘 묻어나지 않는 정도면 소성 상태라 볼 수 있다.

점착 상태

8	9	10

(수분 비율: 15~35%)

손에는 묻어나지만 흐르지는 않는 정도의 흙이다. 이 상태의 흙으로는 덩어리를 만들기가 매우 어렵다.

액상

11	12

흙이 물에 완전히 풀어진 상태로, 매우 액화된 접합체와 함께 구성된다.

흙다짐

흙다짐은 거푸집 안에 분말 상태의 젖은 흙을 넣고 다져서 두꺼운 벽을 만드는 방법이다. 거푸집은 흙을 다진 뒤 바로 제거한다. 적당한 함수량을 보이는 봄과 가을에 특히 작업이 용이하다. 한 무더기의 흙이 간단한 압축 과정을 통해 단단히 응축된 벽으로 바뀌는 이 과정은 마치 마술과도 같다. 상대적으로 오랜 작업 시간이 필요하므로 산업화된 국가에서 흙다짐 기술은 고급 공정으로 평가된다. 거푸집을 해체한 뒤 드러나는 벽은 아름다운 질감과 색깔을 자랑한다. 따로 미장을 할 필요가 없을 정도다.

1920년 이전 프랑스 도피네 지역에서는 목공들이 흙다짐 공법으로 집을 많이 지었다. 그러나 이러한 집과 그에 관한 전문 지식은 제1차 세계대전 이후 사라졌다.

제작 과정

공사 현장에서 흙을 추출한다.

습윤 상태의 흙 분말을 용기에 채운다.

모로코에서는 나무로 된 거푸집 안에 흙을 넣고 다져서
벽을 만든다. 거푸집에 흙이 다 차면 수평으로 이동해
계속 작업한다.

용기의 흙을 거푸집 안에   거푸집에 부은 흙을   절구나 다짐기를 이용해   거푸집을 제거한다.
쏟아 붓는다.   고르게 편다.   흙을 다진다.

공기 압축 방식으로 흙을 다지고 있는 작업자의 그림자가 흙다짐 벽에 비쳤다. 벽면에 박힌 자잘한 돌들이 선명히 보여 콘크리트 벽을 연상케 한다.

전통적으로 흙을 다질 때 '덜구'라는 연장을 썼다. 나무 자루에 쇳덩이나 나무 덩어리를 붙인 연장이다.

오늘날은 컴프레서의 압력을 이용해 흙을 다지고, 콘크리트에 사용하는 철제 거푸집을 사용한다.

축압식 다짐기의 다짐 횟수는 분당 700회에 달한다.

축압식 다짐기의 종류는 다양하다. 무게와 사용 편리성을 고려해 선택하면 된다.

흙다짐 공법으로 만든 현대 흙건축의 예. 프랑스 이제르Isère에 있는 학교 건물이다.

흙다짐을 위한 흙

흙다짐은 흙건축에서 유일하게 자갈과 돌을 사용하는 기술이다. 알프스 산맥의 빙산층은 다짐용 흙의 좋은 사례로, 바로 사용이 가능한 진정한 '흙 콘크리트'라 할 수 있다. 작은 입자로만 구성된 흙은 점토가 지나치게 많지 않으면 거푸집으로 다질 수 있지만, 마른 후에 금이 갈 가능성이 높다.

전통적인 흙다짐 축조법

봄과 가을에 흙은 다지기에 적당한 수분을 함유하고 있다. 우선 추출한 흙을 양동이를 이용해 나무로 된 거푸집에 부어 넣는다. 다질 때 생기는 횡력에 대비해 거푸집에는 각목을 대고 긴 나사로 고정시킨다. 10~20cm 두께로 흙을 부은 후 덜구(다짐 망치)로 다진다. 덜구는 나무 자루에 쇳덩이나 나무 덩어리를 붙인 연장이다. 거푸집 하나 분량을 완성한 뒤에는 벽을 따라 수평으로 이동해 같은 작업을 반복한다.

기계화된 생산

오늘날 흙은 축압식 다짐기로 다진다. 이 가벼운 장비는 주물모래를 다지는 도구에서 유래했다. 충돌 횟수는 분당 700회다. 거푸집 시스템도 다양한 방식으로 많이 발전했다. 이러한 발전은 대부분 콘크리트 산업에서 비롯되었다. 예를 들어 '수직 상승형 거푸집'은 전통적인 수평 이동 방식보다 훨씬 빠른 진행이 가능하다. 나무못은 긴 철사나 콘크리트용 핀으로 대체되었다. 모터를 장착한 새로운 믹서는 흙을 더 고르게 섞고 거푸집에 부을 수 있게 해준다. 또 현대

현대식 반죽기는 흙을 거르고 반죽하고 거푸집까지 올리는 작업을 한 번에 수행한다. 반죽기는 버켓 안에 나사로 고정해 사용한다.

식 반죽기를 쓰면 굵은 자갈을 체로 걸러내고, 물의 양을 조절하며 흙을 반죽하고, 높은 곳에 설치한 거푸집에 흙을 올리는 작업을 동시에 수행할 수 있다.

흙의 수분 함유량

일반적으로 습윤 상태의 흙이 다지기 좋다. 건조 상태와 소성 상태의 중간 정도가 습윤 상태다. 분말 상태에서 만져보면 습기를 느낄 수 있다. 손의 압력으로 공과 같은 형태로 만들 수 있고 힘을 주면 부서진다. 현장에서 함수량이 적당한지 알고 싶다면 흙을 공 모양으로 뭉쳐 1m 높이에서 떨어뜨려보면 된다. 흙덩이가 서너 조각으로 나뉘어 부서지면 함수량이 적당한 상태, 산산이 부서지면 너무 건조한 상태, 부서지지 않고 납작 눌리면 물이 너무 많은 상태다.

흙다짐 벽

흙다짐은 기본적으로 육중한 직선 벽을 만드는 데 쓰이는 공법이다. 최근에는 거푸집이 진화해 곡면 벽도 만들 수 있게 되었다. 흙다짐 벽에서 볼 수 있는 다져진 켜는 이 공법이 만들어내는 특유의 질감으로, 독특한 시각적 인상을 자아낸다.

흙다짐의 역사

흙다짐은 다른 세 가지 전통 공법(어도비, 흙쌓기, 심벽)보다 단순해 보이지만, 사실은 가장 난이도 높은 기술이다. 나머지 세 공법은 별다른 도구를 필요로 하지 않는 반면, 흙다짐에는 거푸집이라는 요소가 필요하다. 1만 1000년으로 추정하는 흙건축 역사에서 흙다짐은 비교적 최근에 발생한 공법이다. 기원전 814년에 건설된 고대 도시 카르타고에서 처음 나타난 흙다짐은, 이후 지중해 지역과 마그레브(아프리카 서북부) 지역으로 퍼졌다. 이슬람 세력의 확장에 따라 7세기부터는 스페인을 거쳐 프랑스에까지 흙다짐 공법이 전파되었다. 건축가이자 건축업자인 프랑소아 코앙트로François Cointeraux가 쓴 서른 권의 책은 7개의 언어로 번역되어 유럽과 미국, 호주 등에 흙다짐 공법을 소개하는 계기가 되었다.

흙다짐 건축문화유산

유네스코 세계문화유산 건축물 중 많은 곳이 흙다짐 공법으로 지어졌다. 가장 대표적인 건축물이 바로 중국의 만리장성이다. 하카Hakkas의 거대한 원형 공동 주거, 라싸拉薩의 포탈라 궁, 모로코의 마라케시Marrakech와 메크네Meknes 그리고 아이트 벤 하두, 스페인 그라나다의 알람브라 궁전 등도 흙다짐으로 지었다. 프랑스에서도 흙다짐 공법은 많이 쓰였다. 론 알프스Rhône-Alpes 지역 문화유산의 40%를 이 공법으로 지었고, 리옹의 크로아 루스Croix-Rousse 지역에도 흙다짐 건물이 몇 채 있다. 노르 이제르Nord Isère 지역에서는 주택의 90%가 흙다짐으로 지어졌다. 농촌 주택, 농장, 비둘기 집, 교회, 영주의 저택, 도심의 주요 건물 등, 그 형태와 기능도 매우 다양하다.

미래의 주택

미래의 주택은 짓고 허물 때 거의 에너지를 소모하지 않을 것이며,
냉난방 장비가 따로 필요하지 않을 것이다. 이는 매우 중요한 점이다.
현재 프랑스의 총 에너지 소비량 가운데 건축 분야가 차지하는 비율은 45%로
모든 분야를 통틀어 가장 많다. 산업(28%)이나 교통 분야(26%)를
훨씬 뛰어넘는 수치다. 이산화탄소 발생량도 전체의 23% 수준으로 매우 높다.
온실가스 배출을 현재의 4분의 1 수준으로 감축하겠다는 게 프랑스의 목표.
흙은 과연 미래 건축의 에너지 문제를 해소할 이상적인 재료가 될 수 있을까?

건축의 에너지 및 이산화탄소 문제

이전과는 다른 방식의 삶. 그것은 정치적으로, 지질학적으로 그리고 생태적으로 가장 시급히 도전해야 할 목표다. 산업화한 나라들의 건물은 짓고 사용하고 허물기까지, 모든 순간에 에너지를 사용하고 이산화탄소를 발생한다. 이는 건축 재료의 제조 과정에서부터 시작한다. 시멘트는 그 생산 단계에서만 전 세계 이산화탄소 발생량의 5%를 차지한다. 이어 자재를 운반하고, 건물을 짓고, 사용 시 냉난방 등으로 계속 많은 에너지를 소모한다. 건물 수명이 다한 후엔 파괴, 저장, 재활용 과정에서 또다시 이산화탄소가 발생한다. 한마디로 건축은 처음부터 마지막까지 많은 환경 문제를 야기하는 셈이다.

흙의 장점

흙으로 하는 건축은 에너지적인 측면에서 매우 경제적이다. 흙을 모으고, 경우에 따라 물을 섞고 주형이나 거푸집에 넣는 것으로 작업이 끝나기 때문이다. 흙은 그 지역에 있는 것을 쓰면 되니 운반할 필요도 없다. 건물이 수명을 다하면 흙은 자연으로 돌아가므로 끊임없는 재활용이 가능하다. 이로써 건축에서 흙의 생태적인 발자국은 0에 가깝다. 흙은 더운 지역에서는 천연 에어컨 역할을, 추운 지역에서는 햇볕을

저장하고 뿜어내는 역할을 한다. 이처럼 흙은 분명 미래 건축을 위한 재료다.

미래를 위한 프로토타입

더운 지역에서 집을 지을 때 흙을 주재료로 삼는 것은 당연한 일이다. 흙의 축열 기능은 낮과 밤의 온도 차를 조절해 적절한 기온을 유지하게 해준다. 춥거나 태풍이 잦은 지역에서는 단열재와 함께 사용한다. 흙이 열적 특성을 보충해줌으로써 벽체를 최상의 상태로 유지해주기 때문이다. 단열재는 열이 나가는 것을 막고 흙은 축열 기능을 통해 외부와의 온도 차를 감소한다. 2010년에 국립 그르노블 건축대학은 대학생 공모전 '유럽 솔라 데카틀롱Solar Decathlon Europe'에서 에너지를 매우 적게 소모하는 주택 프로토타입을 제안했다. '아르마딜로 박스Armadillo Box'라는 제목의 프로젝트로, 태양열을 주 에너지로 사용하는 75m² 규모의 주택이다. '로테크low-tech' 재료인 흙과 단열재를 함께 사용하고, 태양에너지를 포착할 수 있는 '하이테크high-tech' 장치를 적용했다. 거주자가 햇빛의 움직임에 따라 장치를 조작함으로써 실내 온도를 최적의 상태로 유지할 수 있다.

제로 에너지의 프로토타입

"로테크(Low tech)—하이테크(High tech)!" 에너지를 매우 적게 소모하는 주택 프로토타입인 '아르마딜로 박스'의 슬로건이다. 로테크 재료와 하이테크 장비가 어우러져 '제로 에너지'에 도전하는 프로젝트다. 로테크 재료인 흙은 낮과 밤의 기온 차를 조절하는 기능을 하며, 단열재와 함께 쓰인다. 여기에 태양에너지를 포착하는 하이테크 장치가 더해진다.

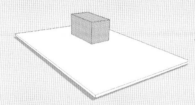

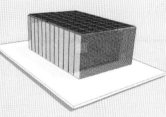

'코어Core'는 미리 만들어둔 건물 중심부로, 주거에 필요한 기계장치와 샤워실, 주방 등 물 사용 시설을 설치한다.

'스킨Skin'은 흙과 단열재를 적용한 온도 조절용 외피로, 낮과 밤의 온도 차를 줄이는 기능을 한다.

'쉘Shell'은 보호막으로, 집광판과 조절이 가능한 차양 등을 통해 태양에너지를 받아들인다. 이 모든 것은 5일 내 설치를 목표로 한다.

실내에는 나무와 흙 등의 천연 재료를 적용해 따뜻한 느낌을 연출한다.

프랑스의 농촌 주거

흙건축물은 여전히 세계 각지에 분포하고, 이는 프랑스에서도 마찬가지다.
흙건축의 대표적인 공법으로 지은 집들은 프랑스의 4개 지역을 중심으로
각각 분포한다. 그러나 사람들은 이러한 흙건축의 존재조차 기억하지 못하고 있다.
흙재료를 이용한 건축물이 우리 눈앞에 버젓이 남아있는데도,
우리는 왜 단체로 기억상실증에 걸린 것일까?

← 노르망디 지역에 있는 이 집은 흙쌓기 공법으로 지었다. 벽의 상부에는 처마를 설치하고 하부는 돌로 기초를 만들어 빗물의 영향을 덜 받도록 만들었다. 따라서 추가로 특수한 흙미장을 할 필요가 없다.

← ← 툴루즈 지역에 있는 이 집은 어도비로 만들었다. 이 흙벽돌은 문과 창문의 인방과 모서리, 그리고 기초 부분에 사용된 소성 벽돌과 대비를 이룬다.

심벽, 흙다짐, 흙벽돌, 흙쌓기

지구상 어느 곳에서든 지질학적 특성은 그곳의 건축에 한정된 재료를 사용하게 만든다. 프랑스의 경우를 보자. 돌이나 나무가 충분하지 않은 지역의 고건축물은 흙으로 지어졌다. 실제로 국가에서 지정한 문화유산 중 15%가 흙을 활용한 건축물이다. 목조 혹은 심벽은 프랑스 북부(노르망디, 피카르디, 샹파뉴, 알자스)의 대표적인 건축 유형이다. 이들은 나무로 된 뼈대에 흙을 채운 방식으로 이 지역 건축물의 60%를 차지한다. 덜 알려지긴 했지만, 흙다짐은 콘크리트의 조상

이다. 두꺼운 벽체를 짓는 데 사용하는 이 공법은 거푸집에 흙을 채워서 다지는 방식이다. 론알프스 지역의 집 40%가 이 공법으로 지어졌다. 이제르 지역에서는 90%의 집이 이 방식으로 지어졌다. 프랑스 서부, 특히 브르타뉴나 방데, 노르망디에는 두꺼운 벽으로 지은 집이 많이 있다. 거푸집 없이 흙쌓기 공법으로 지은 집으로, 물과 볏짚과 흙을 갈고리로 섞어서 쌓는다. 마지막으로 어도비는 형틀에 넣어 모양을 만든 뒤 자연 상태에서 말린 흙벽돌이다. 이 방식은 프랑스 남서부, 특히 제르와 툴루즈 지역에서 발달했다.

흙다짐으로 벽을 쌓은 이 집들은, 경우에 따라 흙마감을 적용했다. 이 방식은 론알프스 지역에서 흔히 볼 수 있다.

마른Marne의 우틴Outines에 있는 이 교회는 16세기에 지어졌다. 이처럼 나무 뼈대에 흙을 바르는 건축 방식은 나무 샌드위치, 목골 연와조, 심벽 등으로 다양하게 불린다. 프랑스 북부에서 흔히 볼 수 있는 방식이다.

보이지 않는 건축

흙건축은 눈에 보이는 만큼 드러난다. 흙벽은 종종 석회나 시멘트 뒤에 가려진다고는 하지만, 흙건축 자체가 잊힌 것은 이해하기 어려운 일이다. 흙건축에 대한 이러한 집단적 망각은 미래의 사회학자들이 연구 주제로 삼을 만한 일이다. 제2차 세계대전이 끝나자 흙건축은 큰 위기에 놓였다. 서둘러 국가의 기반 시설을 재건해야 했던 까닭에 유리와 철, 콘크리트만을 건축 재료로 선택했고, 이로써 흙건축에 대한 건축가들의 전문 지식은 사라지고 말았다. 그로부터 60여 년이 지난 지금, 패러다임은 바뀌고 있다. 오늘의 이슈는 포격으로 파괴된 도시를 재건하는 게 아니라, 에너지 고갈과 지구 온난화 현상을 해소하는 것이다. 이제 시멘트에 대한 환상을 접어야 한다. 물과 만나 고화되는 시멘트의 마술에서 벗어나, 흙과 함께하는 마술을 되찾아야 할 때다.

프랑스의 흙건축

흙건축은 프랑스 건축문화유산의 15%를 차지한다.
어도비나 흙벽돌은 남서부 툴루즈 지역, 심벽은 북부, 흙쌓기는
브르타뉴 지역, 흙다짐은 론알프스 지역을 대표하는 건축 방식이다.

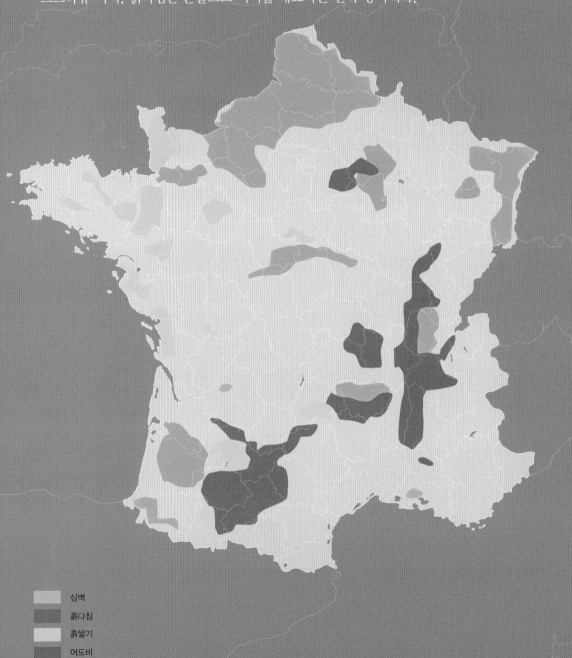

심벽

흙다짐

흙쌓기

어도비

앵Ain 주의 생 트리비에 드 쿠르트Saint-Trivier-de-Courtes에 있는 숲속의 건물. 16세기 후반에 지어졌다. 목제 골조가 겉으로 드러난 브레스식 bressane 농가로, 뼈대 사이에 흙을 채워 벽을 만든 심벽 방식의 건물이다.

이제르 주 생 사뱅의 도피네 지역에 있는 대표적인 풍차 건물. 회칠이 벗겨져 드러난 곳에서 다짐벽을 확인할 수 있다.

프랑스 북서부에서 많이 지어진 흙쌓기 공법의 집은, 남부 노르망디 르 콩탕탱le Contentin의 농촌 주거에서 특히 많이 보인다.

앵 주의 브레스에 위치한 농장 건물. 흙다짐으로 지은 건물로, 기초 부분은 돌, 벽은 흙으로 되어 있고, 모서리에는 소성벽돌을 쌓았다.

방데 주의 포아투 늪지대 농촌 주거의 전형적인 방식. 흙쌓기 공법으로 지은 집으로, 지붕은 짚으로 이었고 벽에는 회를 칠했다.

툴루즈 지역의 19세기 농장 건물. 이 지역에서는 일반적으로 소성벽돌과 흙벽돌을 섞어 사용했다.

흙건축 마을, 앞선 에코 빌리지

프랑스 빌퐁텐에 있는, 흙으로 지은 공동 임대주택 마을.
1981년에 퐁피두센터에서 개최한 대규모 흙건축 전시회의 기획자인 장 데티에가 제안하고,
크라테르가 지원하여 조성된 곳이다. 1983년에 공사를 시작해 1985년에 완성했다.
환경문제가 오늘날에 비해 크게 대두되지 않은 시기에 진행된 이 선구적인 프로젝트는,
산업화된 나라들에 흙건축의 새로움을 소개하는 국제적인 사례로 급속히 퍼져나갔다.

↓ 건축가 10개 팀이 참여해 만든 이 에코 빌리지에는 11개 구역 안에 65채의 임대주택이 들어서 있다. 주민 수는 약 300명이다. 흙을 기초로, 현대건축의 다양한 기술을 적용해 만들었다. 마을 중심부에 있는 14m 높이의 5층 건물은 흙다짐의 구조적인 가능성을 보여주기 위한 건물이다.

목제 골조 안에 짚과 흙을 버무려서 채우는 흙짚 기술을 채택한 집.

압축 흙벽돌을 이용해 지은 집합 주택. 남쪽 입면에는 유리로 덮은 온실이 리듬감 있게 배치되어 있다.

흙다짐으로 지은 이 주택은 큰 지붕을 만든 다음 흙
벽을 쌓았다. 집을 상부에서부터 만든 셈이다.

둥글게 만든 흙다짐 벽. 안쪽은 계단실로 쓰이며, 집
과 집을 나누는 역할을 한다.

단순하고 현대적인 형태로 만든 아파트. 주거 면적
은 400m²이다.

유럽의 이례적인 문화유산

유럽에서 흙건축은 평범한 농촌 주거에 머물지 않는다.
수많은 고성과 기념비적인 요새, 도심 내 건물과 궁전이 흙으로 지어졌다.
그라나다에 있는 알람브라 궁전의 벽이
흙으로 되어 있다는 사실을 알고 있는가?

흙은 가난한 이들의 건축 재료일까? 그렇지 않다.
론알프스 지역에 있는 이 인상적인 영주의 저택은
흙다짐으로 지었다.

군사용 혹은 방어용 건축

유럽 내 이슬람 건축의 대표적인 기념물이자 안달루시아의 살아 있는 예술인 알람브라의 궁전은 13~15세기 스페인의 이슬람 문화를 대표하는 가장 귀중한 건축물이다. '알람브라'라는 이름은 붉은색을 뜻한다. 이 건물을 짓는 데 붉은 흙을 썼기에 붙은 이름이다. 알람브라 궁전의 가장 높은 탑인 코마레스Comares는 세계에서 가장 높은 흙건축물이다. 높이가 45m로, '사막의 맨해튼'으로 불리는 시밤에 있는 가장 높은 건물보다 15미터가 더 높다. 아랍의 건축가들은 이 시기에 또 다른 훌륭한 군사용 흙건축물을 지었다. 안달루시아에 있는 엔시나의 바뇨스 성이 대표적인 예다. 기독교와 이슬람교가 첨예하게 대립하던 10~13세기에 매우 전략적인 장소였던 이 성은, 축조한 지 1000년이 지났는데도 여전히 완벽하게 보존되어 있다.

영주의 저택

흙은 종종 가난한 나라 사람들의 건축 재료로 치부되곤 한다. 하지만 과거 유럽의 상황을 본다면 더 이상 그렇게 생각할 수 없을 것이다. 유럽의 흙건축물은 풍차, 도심 건물, 교회, 성, 궁전, 요새 등으로 그 종류가 다양했다. 프랑스에서는 귀족과 부르주아의 저택 중 많은 수가 흙으로 지어졌다. 발 드 손이나 오트루아르에 있는 영주의 주택들이 대표적이다. 이들 주택의 흙벽은 대부분 석회나 시멘트 마감으로 가려져 있다.

→ 유럽에서 흙은 군사용 요새를 만드는 데도 흔히 쓰였다. 안달루시아에 있는 엔시나의 바뇨스 성은 대표적인 군사용 흙건축물로, 지난 1000년 동안 수많은 공격에도 큰 손상 없이 버텨왔다.

알람브라 궁전의 성벽은 많은 부분이 흙다짐으로 만들어졌다. 붉은 색을 뜻하는 '알람브라'라는 이름처럼. 이 궁전의 흙벽은 저녁노을을 받으면 붉게 변한다.

대도심 내의 건물들

유럽 내 큰 도시의 도심에 지어진 흙건축물 가운데 많은 수는 유네스코의 세계문화유산에 등재되어 있다. 목제 골조와 심벽으로 지은 건물은 프랑스 북부의 프로방스, 트루아, 스트라스부르, 콜마 등 역사적인 도심과 독일에 많이 퍼져 있다.

리옹의 크로아 루스 지역 내 일부 건물은 흙다짐으로 지어졌다. 독일의 바일부르크에는 유럽에서 가장 높은 흙다짐으로 지은 5층 아파트 건물이 있다. 흙건축은 구시대의 유물도, 이국적인 건축도 아니다. 엄연한 도시 속 한 풍경이자, 유럽 대륙의 역사와 함께한 중요한 도시 건축이다.

어도비(흙벽돌) 공법

어도비는 소성 상태의 흙을 틀에 넣고 손으로 형태를 만든 뒤
바깥 공기에 말려 만드는 흙벽돌이다. 벽돌을 쌓아 건물을 짓는
이 방식은 산업화된 재료들만큼이나 매우 빠른 시공성을 보인다.
또한 특별한 장비 없이도 아치, 궁륭형 아치, 둥근 천장까지
지을 수 있다는 장점을 지닌다. 많은 개발도상국에서는
이처럼 경제적인 어도비 공법을 이용해 건물을 짓고 있다.

직사각형 어도비 벽돌을 만드는 데 필요한
유일한 장비는 나무로 된 틀이다.

인부들이 나무 틀을 이용해 흙벽돌을
만들고 있다. 이 흙벽돌들은 고르게 마
르도록 곧 뒤집어질 것이다.

제작 과정

물과 함께 섞는다.

맨발로 밟거나 삽 등을 이용해 잘 섞어서 밀가루 반죽처
럼 소성 상태로 만든다. 경우에 따라서는, 이렇게 섞은
흙을 며칠 동안 보관해 섞임 상태가 일정하게 한다.

섞은 흙을 수레에 담아 틀 작업하는
곳으로 옮긴다.

직사각형의 틀이 있는 곳 옆에
흙을 붓는다.

틀에 넣어 모양을 만들고
틀을 제거한다.

벽돌을 며칠 동안 말린다.

웬만큼 말라서 변형되지 않는
상태가 되면 벽돌을 세워 앞뒷
면을 고르게 말려준다.

벽돌이 다 마르면 쌓아서 보관한다.

어도비의 역사

'어도비adobe'라는 단어는 이집트어 '토브thob' 혹은 '투브thoub'에서 비롯되었다. 이 단어가 아랍어 '알 투브al toub'로 바뀌었다. 이것은 이베리아 반도의 '아도브adobe'와 비슷하다. 이러한 명칭은 중앙 아메리카와 남부아메리카, 그리고 유럽까지 이어진다. 한편 서아프리카에서는 '방코banco'라는 이름으로 불린다. 오늘날에는 일반적으로 '흙벽돌'이라는 표현이 가장 많이 쓰인다. 오늘날 흙벽돌은 직사각형이나 정사각형으로 만들어지는데, 이는 오랜 세월 동안 진화한 결과다. 벽돌을 손으로 만들던 초기에는 구형이나 빵 모양으로 만들었고, 원뿔형, 원통형, 사다리꼴 등으로도 만들었다. 말리에서는 '제네 페레Djenné-ferey'라 부르는 원뿔형 벽돌을 만들었는데, 이는 나이지리아 북부 하우싸 지역의 '투발리 Tubali'와 매우 흡사하다. 손으로 만든 벽돌이 처음 출현한 시기는 기원전 8000년으로 추정한다. 터키의 사탈 후유크 유적지에서는 틀로 만든 벽돌이 발굴되었다. 제작 시기는 기원전 6세기경으로, 틀로 만든 벽돌 중 가장 오래된 것이다.

틀 없이 손으로 흙벽돌을 만드는 방식은 점점 사라지고 있다. 서양배 모양의 이 벽돌은 1990년대 후반에 나이지리아의 아가데즈에서 발견했다.

원뿔형 벽돌은 알려진 형태 중 가장 오래된 것이다. 오늘날에도 서아프리카 지역에서 흔히 사용하고 있다.

어도비의 흙

어도비를 만드는 데는 일반적으로 잔돌이나 자갈 등이 섞이지 않은 입도가 작은 흙을 쓴다. 흙을 손으로 섞고 반죽하고, 또 작은 틀에 넣어야 하므로 입자 크기를 제한할 수밖에 없다. 한편 흙의 점토 함유량이 너무 많으면 마르는 과정에서 균열이 생긴다. 이를 방지하려면 모래나 짚을 넣어 인장력을 보강해주면 된다.

전통적인 어도비 제작법

벽돌은 직사각형 틀이나 칸이 여러 개 있는 틀로 만든다. 이러한 생산 방식은 개발도상국의 가난한 사람들에게 경제적인 주거를 제공하는 데 유리하다. 어도비 기술은 매우 오래된 방식임에도 단순성과 경제성, 그리고 환경적인 측면에서 많은 미래지향성을 지닌다.

틀에서 뺄 때 자체 무게에 의해 부서지지 않게 하려면 흙의 함수량을 잘 조절해야 한다.

미국에서 '어도비를 낳는 기계'로 불리는 이 장비는 하루에 수천 개의 벽돌을 생산하지만 매우 넓은 땅이 필요하다는 단점이 있다. 일주일 뒤 마른 벽돌들을 목판 위에 쌓는다.

독일에서는 벽돌을 건조실에 적층해 건조하는 산업화된 시스템을 선호한다. 이를 사용하면 벽돌을 양생하는 데 넓은 땅이 필요 없어 비용을 절감할 수 있다.

기계화된 생산

경제가 발전한 나라에서는 기계를 활용하여 산업화한 방식으로 어도비를 제작한다. 인건비를 줄이고 생산성을 높이기 위함이다. 20세기 후반에 한스 섬프Hans Sumpf라는 엔지니어는 수력으로 이동하는 틀을 단 특이한 트랙터를 고안했다. 어도비 생산 기술에 혁명을 불러온 이 방식은 미국 남서부 지역인 캘리포니아, 콜로라도, 뉴멕시코, 애리조나, 그리고 멕시코에까지 전수되었다. 이러한 방식으로 만들어지는 벽돌은 하루 평균 3000장에 달하고, 성수기에는 3배로 늘어난다. 유럽에서는 독일인 위르겐 산덱Jürgen Sandek이 1995년에 포르투갈 라고스에서 블록 생산 회사를 세웠다. 포르투갈의 시장성을 전제로, 건기에 50만 개의 블록을 생산하고 있다.

흙의 함수율

틀에 넣을 때는 일반적으로 소성 상태의 흙을 사용한다. 놀이용 찰흙과 흡사한 상태로, 틀에 넣은 즉시 뺄 수 있는 정도여야 한다. 틀에서 빼낸 벽돌의 측면은 수직으로 반듯하게 세웠을 때 무너지지 않아야 한다. 만약 무너진다면 흙에 물이 너무 많이 들어간 것이다. 단 기계화된 생산 방식에서는 물의 양이 좀 더 많아야 하고, 틀 없이 손으로 만드는 경우에는 물을 좀 적게 넣어야 한다.

석공이 소성 상태의 흙을 틀에 넣어 벽돌을 만들고 있다. 벽돌은 물론, 그것을 건조하는 공간 역시 매우 잘 정돈되어 있다. 뒤에 보이는 건축물은 이란의 밤Bam에 있는 성채다.

어도비 쌓기

흙벽돌이 다 마르면 흙으로 된 모르타르를 이용해 벽과 기둥, 아치, 궁륭형 아치, 둥근 지붕 등을 쌓을 수 있다.

어도비 건축문화유산

어도비는 중국, 서남아시아, 미주, 아프리카 등 사람이 살고 있는 대부분의 지역에서 발견된다. 농촌 건축 등 평범한 건축에서부터 도심의 기념비적 건물, 교회, 귀족의 저택, 성에 이르기까지 건축물의 종류도 다양하다. 어도비로 만든 20여 곳의 역사적인 건물군이 유네스코의 세계문화유산으로 등재되어 있다. 리비아의 가다메, 말리의 제네에 있는 톰부트, 시리아의 알레프, 예맨의 시밤, 페루의 리마, 멕시코의 멕시코시티와 오아하카, 미국 타오의 푸에블로 등지가 그곳이다. 프랑스에서 흙벽돌은 랑독에서 프로방스에 이르는 지중해 연안 지역에서 시작되었다. 이 건축물들은 현재 대부분 석조 건축물로 대체되었다. 오늘날 흙벽돌로 된 건축 유산은 남쪽으로 확장된 것과 함께 가론, 제르, 타론 등 미디피레네 지역에서 볼 수 있다. 샹파뉴 지역의 흙으로 만든 타일 등 또 다른 지역의 전통도 관찰할 수 있다.

흙 모르타르는 다른 어떤 것보다도 훌륭한 재료다. 흙 모르타르를 이용해 지은 이 궁륭형 아치는 매우 짧은 시간 내에 완성했다.

어도비 벽돌로는 벽뿐만 아니라 궁륭형 아치나 둥근 지붕도 지을 수 있다. 건물 전체를 어도비로 지을 수 있는 셈이다.

건축과 도시의 기원

2006년에 시리아에서 기원전 9000년대의 흙벽이 발견되었다.
이로써 흙건축이 적어도 1만 1000년의 역사를 갖고 있음을 확인했다.
이 역사는 인류가 유목을 그치고 정착 생활을 시작한 신석기 혁명 시대와 일치한다.
최초의 오두막과 농업, 도시와 문자 등과 더불어 흙건축은
우리 문명의 초기부터 함께 발전해왔다.

건축을 탄생시킨 야생초

기원전 1만 년경, 중동 지방에는 '트리티쿰 모노코쿰 Triticum Monococcum'이라는 야생 식물이 있었다. '독일 밀'이라고도 불리는 이 식물은 건조하고 거친 땅에서도 잘 자랐다. 수렵과 채취로 살아가던 당시 사람들에게 이 식물은 예상치 못한 많은 수확을 가져다주었다. 4인 가족이 한 해 동안 먹고살 수 있는 곡식을 한 사람이 단 2주 만에 수확할 수 있을 정도였다. 이후 사람들은 추수한 곡물을 잘 저장해 지켜야 했고, 따라서 더 이상 이동 생활을 할 수 없게 되었다. 이제 사람들은 간이 주거를 버리고 좀 더 단단한 집을 짓기 시작했다. 집을 짓는 재료로는 주변 환경에 따라 나무와 돌, 흙 등을 사용했다. 건축은 이렇게 생활 방식의 변화에서부터 탄생하게 된 것이다. 그 시대의 놀라운 유물은 요르단의 예리코 유적에서 발견했다. 지금으로부터 9000년 전에 만들어진 가장 오래된 흙벽돌이 그것이다. 또한 시리아의 자 델 무가라 유적에서는 1만 1000년 된 흙벽을 발견했다. 터키의 사탈 후유크 유적은 기원전 7000년에 형성된 곳으로 도시 전체가 흙으로 만들어졌다. 전성기의 인구는 5000여 명으로 추정하는데, 현재의 1000분의 1 수준이었던 당시 세계 인구를 고려하면 상당히 큰 도시였다고 볼 수 있다.

최초의 도시국가

요새, 왕궁, 종교 성지 등으로 구성된 도시에 이어 주거 중심의 단지가 형성되었다. 기원전 4000년대 후반에 생긴 이러한 현상은, 대부분이 사막지대인 이집트와 메소포타미아(현재의 이라크 지역) 일대에서 발생했다. 이곳에서는 도시와 문자도 발생했다. 거대한 강들은 관개용 저수를 가능하게 했다. 이집트에는 나일 강이 흐르고, 요르단과 팔레스타인 사이에는 요르단 강이 흐른다. 특히 메소포타미아 지역인 티그리스 강과 유프라테스 강 유역에서는 풍부한 수량과 비옥한 농토 덕분에 농업이 크게 발달했다. 바로 이곳의 흙이, 문명의 기원이 된 메소포타미아 도시국가를 이루

요르단 강 서안의 예리코 유적지에서 발견한 벽돌. 기원전 7000~8000년에 제작된 것으로 추정되며 틀을 쓰지 않고 손으로 만들었다. 마르기 전에 누른 토공의 손가락 자국이 표면에 보인다.

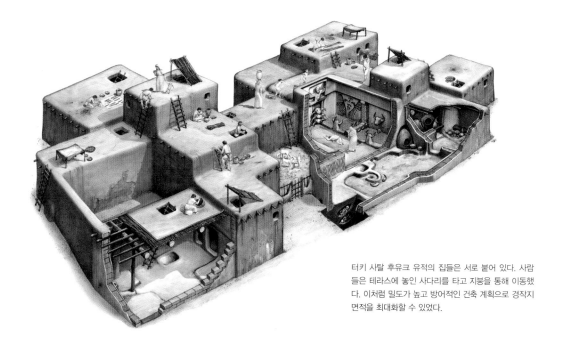

터키 사탈 후유크 유적의 집들은 서로 붙어 있다. 사람들은 테라스에 놓인 사다리를 타고 지붕을 통해 이동했다. 이처럼 밀도가 높고 방어적인 건축 계획으로 경작지 면적을 최대화할 수 있었다.

는 데 사용되었다. 이 지역 건물들의 벽 대부분은 흙벽돌로 지어졌다. 이라크의 고대도시 우루크, 시리아의 고대도시 하부바 카비라, 마리 등 세계에서 가장 오래된 도시들은 대부분 흙으로 건설되었다.

특히 시리아의 마리는 작은 마을로 시작해 점차 규모를 확장해간 도시가 아니다. 당시 이곳 도시 정비 공사의 계획성과 규모는 놀랍다. 도시는 지름 2km의

둑 안쪽에 세워졌고, 도시 중심부는 지름 1.3km, 높이 8m, 폭 6m의 둑으로 보호되었다. 공사 전에 대지의 기초를 한 층 높여 쌓았는데, 이는 지하수 층에서 올라오는 습기를 막기 위함이다. 기후적 제약에 적응하고 지역의 재료를 적극 활용해 최적화한 이 도시는, 5000년 전 인류가 만든 지속적인 건축과 도시계획의 산 모델이다.

왼쪽에 보이는 현대식 지붕은 5000년 전에 시리아 지역에 세워진 고대도시 마리의 궁전을 보호하기 위한 것이다. 오른쪽의 노출된 발굴 장소는 이례적인 도시계획의 흔적을 잘 보여준다.

피라미드

높이가 무려 800m가 넘는 세계 최고층 빌딩 '부르즈 칼리파'가 섰다.
두바이에 건설된 이 초고층 빌딩은, 권력의 무한한 힘을 상징적인
건축으로 보여주려 하는 인류의 오래된 전통의 연장선상에 있다.
실제로 수백 미터 높이의 건물을 쌓으려는 욕망은 최근의 일만은 아니었다.
하늘에 이르고자 쌓은 피라미드가 그 대표적인 예다. 이 인공적인 '산'은
지역의 재료로 만들었는데, 그중 다수를 차지하는 게 바로 흙이었다.

이집트의 엘 라훈에 있는 이 인공 산은 기원전 1897년에
서 1878년까지 살았던 세소스트리스 2세의 피라미드 중 부
서진 중심부다. 수백만 개의 흙벽돌로 만들었다. 오른쪽
아래에 서 있는 사람을 보면 이 건물의 크기를 짐작할 수
있다. 외부를 장식했던 돌들은 오래전에 사라지고 없다.

＼ 바빌론 에테메낭키 지구라트를 재구성한 그
림. 이 전설적인 도시는 전체가 흙벽돌로 지어졌
다. 기원전 1700년 당시 이곳 인구는 무려 30만
명이었다.

이집트의 피라미드

피라미드의 원형은 이집트의 기제 평원에 있는 쿠푸 왕의 것으로, 길이 230m에 높이 146m다. 이집트 피라미드는 완벽한 기하학적 형태뿐 아니라, 거기서 엿보이는 그들의 광대한 정신세계, 정교한 석재 가공 기술 등을 자랑한다. 흔히 신전 등의 성스러운 건물은 돌로 만들고 주거지는 흙벽돌로 만든다. 그러나 엘 라훈의 피라미드 중심부는 수백만 개의 흙벽돌로 구성되고 석회석으로 만든 타일로 덮여 있었다. 세계 곳곳의 다른 많은 문명에서도 피라미드를 만들었고, 여기에는 대부분 흙이 사용되었다. 메소포타미아와 중국, 페루가 대표적인 사례다.

이란에 있는 초가 잔빌의 지구라트는 기원전 7세기경에 축조한 것으로 추정된다. 길이 105m, 높이 53m의 이 건물은 다섯 개의 기단으로 이루어져 있으며, 맨 위에는 신전이 있다.

지구라트

5000년 전 고대 메소포타미아 도시에서는 '지구라트 Ziggurat'라 부르는 거대한 피라미드를 세웠다. 이 명칭은 '높이 세운 것'을 뜻하는 아시리아어 '지쿠라투 ziqquratu'에서 유래했다. 메소포타미아인은 땅과 하늘을 연결하겠다는 의지로 이것을 쌓았으며, 이곳을 통해 신이 내려온다고 믿었다. 재료는 주로 흙벽돌이었고, 소성벽돌로 외부를 마감했다. 이란의 초가 잔빌에 있는 지구라트는 유네스코 세계문화유산에 등

재되었다. 기원전 7세기경에 세워졌고, 가로 길이가 100m가 넘는 가장 큰 규모의 지구라트이다. 기원전 600년경에 세워진 바빌론의 에테메낭키 Etemenanki 지구라트, 즉 '하늘과 땅의 기초의 집'은 바벨탑 신화의 기원으로 추정된다. 축조 시기는 정확하지 않으나, 기원전 1800년에 이미 존재하고 있었다. 그리스의 역사가 헤로도토스는 기원전 5세기에 이곳을 방문해 이러한 글을 썼다.

"넓고 긴 스타디움 중앙에 거대한 탑이 있고, 그 위에서 또 다른 탑이 세 번째 탑을 떠받치고 있으며, 이렇게 여덟 단까지 올라가 있다. 비스듬한 경사로가 용수철 모양으로 외부에 만들어져 있는데 꼭대기까지 이어져 있다. 중간 부분에 층계참이 있으며 거기에 앉을 곳이 마련되어 올라가면서 쉴 수 있다. 마지막 탑에는 큰 제실이 있는데 그 안에는 화려한 침대가 있고, 그 옆에는 금으로 된 테이블이 있다. 그러나 조각상은 없다. 밤에는 그 누구도 이곳을 방문할 수 없는데 오직 단 한 사람, 이 도시에서 샬덴이라고 부르는 신성한 신부들 중 신이 선택한 여자만이 들어갈 수 있다. 그들은 여전히 신이 이곳으로 내려와 침대에 누워 쉰다고 믿는다. (그러나 나는 믿지 않는다.)"

↑ 구글어스를 통해 중국의 피라미드를 선명하게 확인할 수 있다. 좌표는 다음과 같다. 34°20′17″N—108°37′11″E

→ ↘ 1974년에 발견되어 유네스코 세계문화유산으로 지정된 병마용은 전체 56km² 규모의 묘지 중 일부분에 불과하다. 8000명의 병사는 각기 다른 모습을 하고 있다.

진시황제의 피라미드에 숨은 보물

고대 중국 역사가 사마천에 따르면, 기원전 2세기 경에 중국을 통일한 진시황제의 거대한 묘를 만드는 데 70만 명의 인부가 동원되었다. 길이 160m, 너비 120m로, 당시 왕궁의 규모와 비슷하다. 흙으로 만든 이 거대한 피라미드의 천장은 금세공을 한 돌로 되어 있는데, 이는 하늘을 상징한다. 그리고 바닥에 수은으로 만든 두 개의 강줄기는 중국의 큰 두 강을 상징한다. 오늘날까지 피라미드는 발굴되지 않고 있는데, 최근 조사에 따르면 그 안에 매우 많은 양의 수은이 있다고 한다. 1974년에는 이곳 인근에서 병마용이 발견되었다. 흙을 구워 만든 8000개의 등신 크기 병사상 등이 여기에 있다.

중국의 피라미드

중국에 10여 개의 피라미드가 있다는 사실을 아는가? 20세기 초까지 서양에는 이 사실이 전혀 알려지지 않았다. 이 피라미드들은 고대 중국 제국의 수도였던 산시성 시안西安을 중심으로 반경 100km 내에 대부분 위치하고 있다. 이집트 피라미드처럼 황제와 왕족의 묘를 봉안하고 있다. 피라미드는 흙으로 만들었는데, 고고학계에 따르면 봉분의 질적 가치를 부여하기 위함이라고 한다. 가까이에서는 큰 언덕처럼 보이는데, 상공에서 보면 꼭대기가 잘린 피라미드 형태를 확인할 수 있다. 중국 최초의 황제인 진시황제(기원전 259~210년)의 묘는 너비 300m에 높이 47m로, 이곳 피라미드 중 가장 규모가 크다.

라 후아카 델 솔은 어도비로 만든 세계에서 가장 큰 건축물 중 하나로, 식민 시대에 탐험가들에 의해 많은 부분이 파손되었다. 그들은 보물을 찾으려고 모체의 강줄기를 바꾸었는데, 이 때문에 피라미드가 침식되어 원래 크기의 3분의 2가 파손되었다.

페루의 어도비 피라미드

마야 문명보다 덜 알려진 남아메리카의 람바예케 Lambayeque 문명은 서기 700년경부터 1300년경까지 안데스 산맥 하단부에서 번영을 누렸다. 600여 년간 그들은 프랑스의 1개 주 규모의 계곡에 흙벽돌로 된 250개의 거대한 피라미드를 만들었다. 이러한 대공사는 그들 문화와 사회조직을 이끄는 기반이 되었다. 람바예케인에게 이 피라미드는 성인들이 사는 집이었고, 성인은 이런 인공 산을 만들 능력을 지닌, 절반이 신神인 자였다. 신의 노여움과 자연의 힘으로부터 백성을 보호하는 것이 그들의 임무였다. 그러다가 천재지변으로 이러한 성인들의 노력이 수포로 돌아가면 피라미드는 불태워 버려졌고, 사람들은 새 도시를 일으켜 이전 것보다 훨씬 크고 튼튼한 피라미드를 만들었다. 이로써 더 크고 더 많은 기념비적인 피라미드가 탄생했다. 그중 가장 큰 것은 라 후아카 라가

la Huaca Larga다. 거대한 직사각형 평원처럼 보이는 이 피라미드의 테라스는 길이 700m, 너비 280m, 높이 20m로, 면적이 축구장의 7배 규모에 달했다. 부피는 이집트 쿠푸왕의 피라미드와 견주어도 손색이 없다. 이 피라미드는 투쿠메Tucume라 부르는 유적지의 다른 25개 피라미드 사이에 있다.

한편 람바예케 계곡에서 남쪽으로 100km 떨어진 곳에는, 모체Moche라는 또 다른 고대 문명에는 어도비로 만든 기념비적인 피라미드가 있다. 라 후아카 델 솔la Huaca del Sol과 라 후아카 데 라 루나la Huaca de la Luna가 그것이다. 서기 100년경부터 여러 세기에 걸쳐 만들어졌다. 가장 큰 것은 길이 342m, 너비 159m, 높이 45m에 달한다.

흙으로 만든 고고학 유적지

흙은 돌과 나무와 함께, 가장 기초적인 세 가지 재료 중 하나다.
흙으로 이루어진 고고학 유적지는 모든 대륙의
주거 지역에서 나타난다.

↑ 페루 쿠스코 인근의 라크치 지역은 잉카 문명이 비라코차 신을 섬기던 장소다.

→ 페루 트루히요 지역의 후아카 데 라 루나에는 보존 상태가 매우 좋은 장식벽이 있다. 서기 4세기의 것으로 추정된다.

↑ 전체가 어도비 흙벽돌로 만들어진 찬찬은, 콜럼버스 발견 이전에는 아메리카 대륙에서 가장 큰 도시였다. 면적은 20km²에 달한다. 잉카에 의해 궤멸되기 전인 15세기까지 번성했던 치무 문명의 수도이다.

← ↙ ↓ 중앙아시아 투르크메니스탄의 메르브Merv는 실크로드의 오아시스 도시 중 가장 오래된 곳으로, 보존 상태가 좋다. 이 거대한 유산은 4000년의 역사를 갖고 있다. 기원전 6세기경에 흙벽돌로 만든 거대한 요새와 얼음 창고 등 많은 흙건축물이 지금도 남아 있다. 흙건축물이 별다른 보호 없이도 그토록 오랫동안 보존되었다는 점이 놀랍다.

흙다짐, 새로운 길

새로운 천년을 맞이한 지금,
흙으로 현대적인 스타일을 개발하려는 건축가들은
흙다짐 기술을 주목하고 있다.
흙다짐 벽 표면에는 평행선들이 나타나는데,
이는 '흙 콘크리트'가 지닌 광물의 자연적인 특성을 잘 드러낸다.
토양의 퇴적층을 연상케 하는 이 선들은
광물의 지질학적 순환을 상징하는 듯하다.

← 흙다짐으로 지은 인카밉 사막문화센터 Nk'Mip Desert Interpretive Center의 바깥 벽에 드러난 다채로운 색과 선. 마치 캐나다 어느 지점의 땅속 퇴적층 단면을 보여주는 듯하다. 각 다짐층은 이 문화센터가 들어선 인디언 영역 내 영토에서 채취한 흙으로 만들었다.

→ 오스트레일리아 퍼스의 머독 대학 교정에 있는 흙다짐 건물. 건축가 피터 퀸이 계획했다. 흙이 근대의 재료와 어우러져 현대적인 건축을 이루었다.

다시 태어나는 오스트레일리아의 흙다짐 건축

콘크리트와의 유사성

1980년대 이후 오스트레일리아에서는 흙다짐 기술이 대규모로 산업화된 현대건축 방식으로 자리 잡았다. 많은 전문 업체들은 개인 주택, 집합 주택, 대규모 호텔, 대학 교정, 공장 등 다양한 건축물을 흙다짐 기술로 실현하고 있다. 오스트레일리아는 흙건축을 최초로 법제화한 나라 중 한 곳이다. 그러나 이곳의 흙다짐은 시멘트 콘크리트와 별 차이가 없을 때가 많다. 흙을 착색한 벽인지 진짜 흙벽인지 헷갈리기도 한다.

흙인가 시멘트 콘크리트인가

이를 흙건축이라 부를 수 있을까? 생태적인 건축 기술을 개발한다며 정부가 세운 제도에 따를 경우, 자연 상태에서는 이룰 수 없는 기계적 강도를 달성하기 위해 재료에 첨가물을 넣어 변화해야만 한다. 한마디로 정부의 요구는, 시멘트 콘크리트보다 더 단단하게 만들라는 것이다. 이에 따라 업체들은 석회와 시멘트를 더 많이 넣게 되고, 그 비율이 너무 높아져 시멘트 콘크리트 수준에 이르곤 한다.

흙다짐 기술의 회생

그러나 오스트레일리아의 흙다짐 건축은 프로젝트의 큰 규모와 많은 업체 수, 그리고 건축물의 현대성 차원에서, 전 세계 흙다짐 기술의 회생에 분명 크게 공헌하고 있다. 환경에 유해한 첨가물들은 기술의 진보로써 그 사용을 줄여나갈 수 있을 것이다. 실제로 세계의 많은 곳에는 석회와 시멘트를 넣지 않은 자연 상태의 재료로 만든 흙다짐 건축물이 있다. 시밤의 건축가들은 점토만으로 높이 30m의 건물을 지었다. 이 흙건축물들은 500년 가까이 잘 버티고 있다. 지속 불가능한 제도 아래에서는 지속 가능한 건축을 행할 수 없다는 점은 너무도 명백하다.

한국의 건축가, 신근식

건축가, 엔지니어 그리고 토공

현대건축을 이끄는 건축가 가운데 특별한 이들이 있다. 한국의 젊은 건축가 고故 신근식이 그런 예다. 한국에서 건축 공부를 마치고 프랑스로 건너간 그는 크라테르 흙건축 연구 과정을 통해 흙을 처음 접했다. 1999년 이후 그는 주거 시설, 조경, 학교 건물 등에 흙다짐 공법을 적용해왔다. 매 작품마다 그는 건축가, 엔지니어 그리고 흙건축 전문가로서, 자연 상태 흙의 추출에서 건설에 이르는 건축의 모든 단계를 통괄했다. 또한 작품의 완성도를 높이기 위해 항상 재료를 완벽히 이해하고자 했다. 흙을 선택하고, 입도 분석을 통해 흙의 배합을 맞추며, 각종 기술을 깊이 연구하여 새로운 장비를 개발하는 등의 일을 마다하지 않았다. 그는 또한 흙에 대해 잘 알지 못하는 이들을 교육해왔다. 그리고 그는 마침내 건물의 개념을 완성했다. 흙다짐 공법은 정확한 구조적 해결책을 요구하기 때문이다. 이 모든 것은 현대적인 건축 문화 속에서 이루어졌다.

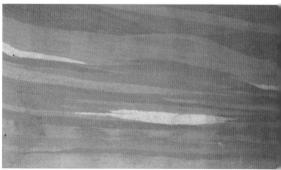

╱ 콘크리트로 만든 현대적인 스타일의 지붕. "좋은 모자를 씌운다"는 흙건축의 격언을 그대로 실현했다. 우산 역할을 하는 지붕을 먼저 세운 다음, 그 아래에 다짐벽을 만들었다.

↓ 몇 년 뒤 모습. 녹지 지붕이 자연 경관과 잘 어우러졌다.

↓↓ 다양한 색의 흙을 넣어 다짐한 벽.

마르틴 라우흐

흙다짐의 선들

독일의 조각가이자 도자 전문가 마르틴 라우흐Martin Rauch는 흙다짐의 기술과 질감에 상징성을 부여했다. 그는 1992년 기념비적인 작품을 구현했다. 오스트리아의 펠트키르히 병원에 설치한 거대한 벽이 그것이다. 그는 사면으로 된 유리창이 있는 통로에 너비 35cm, 높이 6m, 길이 133m의 휘어진 벽을 만들었다. 다양한 색을 첨가한 여러 켜의 수평 토층을 다짐으로 만들어냄으로써 흙다짐 공법에 새로운 가치를 부여했다. 이 벽은 지질학적 지층 구조를 보여주는 듯하다. 수백만 년의 시간 동안 자연석은 풍화와 침식을 거치며 모래와 점토 등의 토양으로 변화해간다. 이 광물들은 또다시 침식과 물의 순환을 통해 대양으로 이동한다. 한편 강어귀에서는 퇴적 작용이 일어나면서 풍화되었던 광물들이 다시 바위로 변해간다. 마르틴 라우흐는 흙알갱이와 점토들이 켜켜이 다져지면서 단단해져가는 광물의 순환 과정을 흙다짐 벽에서 재현해냈다. 이 벽 자체도 훗날 다시 입자 상태로 돌아가, 이러한 자연의 순환 과정을 겪을 것이다.

화해의 교회

1990년에서 2000년 사이에 지어진 베를린의 화해의 교회는 루돌프 라이터만과 페터 사센로트가 설계하고 마르틴 라우흐가 시공했다. 건물은 원형의 이중 덮개로 둘러싸여 있다. 외피는 각재목들을 수직으로 둘러 만들었고, 내피는 1985년에 옛 교회를 해체하면서 나온 벽돌 파쇄물에 천연 흙을 섞어 흙다짐으로 만들었다. 이 교회가 위치한 곳은 바로 동독과 서독의 중간 지대였다. 건축 재료인 흙은 교회 내부에 신비로움을 더한다.

오스트리아 펠트키르히 병원의 현관에 있는 **6m** 높이의 긴 통로 부분은 실내 온도 조절 기능을 수행한다. 여름에는 유리면에 설치한 금속재 환기창과 에어컨으로 온도 상승을 막고, 겨울에는 지면과 흙다짐 벽이 태양열을 축적한다.

← 화해의 교회의 외피와 내피 사이 공간. 외부 구조물의 각 재목 사이사이로 들어오는 수직의 빛이 내부 흙다짐 벽의 수평선과 대비를 이룬다.

↓ 나무 재질로 만든 성당 외피는 흙으로 만든 내피를 악천후에서 보호하는 역할을 겸한다.

오스트리아 쉴링의 흙다짐 집

마르틴 라우흐의 최근작으로. 경사진 대지 위에 흙다짐으로 만든 집이다. 건물 일부가 땅속에 묻혀 있는데, 바로 그곳에서 퍼낸 흙으로 이 집을 지었다. 건물 중 지면에 닿는 부분은 물에 의한 침식에 약해서 대개 돌이나 소성벽돌, 콘크리트로 만드는데, 여기서는 이 부분을 흙으로 만들고 역청으로 방수 처리를 했다. 언젠가 이 흙집이 주인을 잃고 해체된다면, 원래 있던 경사지 속으로 흔적 없이 되돌아갈지도 모른다.

↘ ↓ 완만한 경사지에 지은 오스트리아 쉴링의 흙다짐 집. 여러 개의 층과 넓은 면적을 가졌음에도 자연 속에 숨은 듯 깃들어 있다.

→ 화해의 교회 내부에서 본 흙다짐 벽. 정육면체의 제단 역시 흙다짐으로 만들었다. 흙만으로 완성한 단순한 형태와 재료의 숭고미는 중세 시토회 사원에 대한 현대적 해석이다.

흙다짐, 새로운 길

최근 건축가들은 흙다짐 벽에 다양한
색깔과 질감을 표현하고 있다. 이러한 현상은,
앞으로 흙이 또 다른 차원에서 새로운 재료로
거듭날 만한 충분한 잠재성을 지녔음을 시사한다.

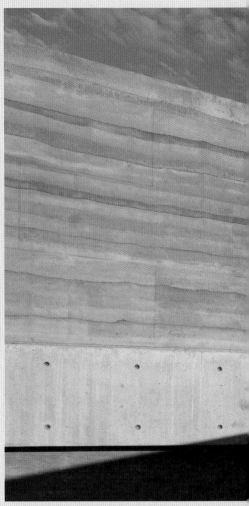

↓ ↘ 티에라 비바 재단의 콜롬비아 건축가인 안토니오 모레노
는 투명한 유리 구조물 안에 흙다짐 벽을 설치한 집을 설계했다.

↖ ↑ → 캐나다의 인카밉 사막문화센터는 홋슨 배커 보니파스 헤이든 건축설계사무소에서 설계했다. 이 지역 흙에 다양한 색의 안료를 첨가해 만든 흙다짐 벽의 다채로운 선들은, 이곳 땅속의 퇴적층 단면을 연상케 한다.

아프리카의 토착 주거

흙이 지닌 조형적 잠재성은 마치 조각 작품 같은 건물을 탄생시키고
다양하고 장대한 세계 건축의 장을 만든다.
건축은 단지 기능적 오브제가 아니라
그곳에 사는 사람들의 정체성이 반영된 창조물이다.
그런 점에서 아프리카의 건축은 좋은 사례가 될 수 있다.

"싹, 줄기, 잎, 꽃의 뿌리에서 발생한 문화는 녹색 피처럼 빗속에 젖은
정원의 향기가 가득한 공간을 만들어냈다. 그러나 다른 곳에서 온 문화
는 사람들을 뒤바꾸고 경직되게 했다. 생의 고귀한 비는 마치 설탕으로
만든 꼭두각시처럼 무정형의 볼품없는 덩어리로 바뀌었다."

_하산 파티

매년 흙미장을 할 때는 경험이 많은 나이 든 여인이 젊은 여인에게 전문 지식을 전수한다. 흙미장의 벽장식은 다양한 색의 흙으로 만든다. 떡갈나무 껍질에서 나오는 '네레Néré'라는 타닌을 칠해서 표면은 윤기가 난다. 흙미장 작업은 주거를 비의 피해에서 보호해준다.

카세나의 문양:
부르키나파소와 가나

건축 문화

옷에 이어 세 번째 피부로 비유되는 집은 그 집을 지은 사람들의 문화적 정체성이 담긴 상징물이다. 주거 공간은 물리적 특성 외에도 각 지역의 사회적 조직을 상징하며, 사회적 조직은 지역 자원, 기후, 경제, 전문 지식 전수 등의 특별한 논리로 이루어진다. 흙은 조형성과 다양한 색을 통해 세계 각지의 문화를 표현할 수 있는 이상적인 재료. 특히 서아프리카의 각 지역은 지역마다 특색 있는 다양한 문화로 이루어져 있으며 이러한 다양성은 그들의 삶의 방식, 민간신앙, 다양한 건축에서 비롯된 것이다.

카세나Kassena 주거의 숭고함

카세나 지역은 가나와 부르키나파소 국경에 근접해 있다. 카세나 주거의 대부분은 여자들이 흙을 기초로 만든 아름다운 벽장식으로 유명하다. 또한 카세나의 건축물에는 사회적 지위와 신분을 표현하는 상징적 의미들이 있다. 예를 들어 초가지붕으로 된 원형 주거는 독신이 사는 곳이고, 사각형 집은 젊은 부부가 사는 곳이다. 8자 모양으로 된 집은 어머니의 집이라 불리며 가족 중 가장 나이가 많은 사람이 사는 곳이다.

카세나 여인들의 벽장식

우기가 오기 직전인 매해 5월에 여인들은 함께 모여서 집의 벽을 장식한다. 자신의 집을 장식할 때는 이웃에게 도움을 요청한다. 여인들은 마실 물과 음식을 준비하고, 그중 나이가 가장 많은 여인은 작업을 지휘하고 장식을 결정한다. 이 작업은 세대 간 교류를 통해 카세나 문화의 전수를 가능하게 한다. 여인들은 장식의 모티브를 자유롭게 구성하는데 이러한 모티브들은 각각의 의미가 있다.

빨강색은 족장의 색으로 권력과 힘을 상징한다. 흰색은 유령의 색으로 죽음을 상징하며, 검은색은 땅을 의미한다. 장식 작업은 맨손으로 하거나 새의 깃털이나 조약돌 등을 이용한다. 흙미장 작업은 비의 피해를 막아주는 유용한 기능인 동시에 민족의 진정한 정체성을 표현하는 수단이다.

카세나 주거의 외벽에는 구체적인 의미를 담은 장식들이 그려져 있다.

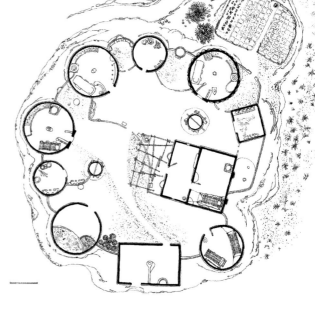

"무스굼의 오비스 오두막은 다른 어떤 집과도 닮지 않았다. 그런데 그것이 단지 생소하기만 한 것일까? 아니다. 아름답다. 그 아름다움이 이상할 만큼 나를 감동시킨다. 완벽하고 완결하며 자연스럽기까지 하다. 단순한 곡선이 바다에서 꼭대기까지 장식도 없고, 하중도 없이 수학적으로 혹은 운명적으로 이어져 있다. 우리는 직감적으로 재료의 정확한 강도를 알 수 있다."

_앙드레 지드, 1926년 차드 여행 중

무스굼의 오비스 오두막은 내부 마당 주변으로 여러 개의 원형과 사각형으로 구성되어 있으며, 울타리로 이어져 있다. 하나의 주거는 전체의 한 부분이다.

카메룬:
무스굼 족의 오비스 오두막

무스굼Musgum 족은 차드와 카메룬의 접경 지역에 산다. 무스굼 족의 오비스Obus 오두막은 19세기에 군 탐험대가 발견한 포환 모양의 주거로 오두막 전체가 맨손으로 만들어졌다. 오비스 오두막 형태의 천재성은 미학적 기능뿐만 아니라 수학적 순수성, 경이로운 장식, 9미터나 되는 높이에서 두루 나타난다.

기능주의 이론
미국 건축가 루이스 설리번Louis Henry Sullivan의 "형태는 기능을 따른다"는 말은 20세기 전반기 건축 사상에 지속적으로 영향을 미치며 근대건축의 시초가 되었다. 근대 기능주의 건축의 효시인 루이스 설리번은 이 말과 함께 전통건축과의 결별을 외쳤다. 기능주의자들은 건축이 지나친 장식과 문양에서 벗어나야 한다고 말했다. 이는 오브제의 형태와 기능이 이상적으로 결합하는 것을 의미한다. 이것이 참다운 아름다움이다.

오비스 오두막: 기능적 건축
아이러니하게도 역사적으로 건축의 가장 이상적인 실현은 지역 건축에서 발견하게 된다. 카메룬 무스굼 족의 오비스 오두막은 설리번의 대표적인 생각을 잘 표현한 예다. 그러나 무엇보다 가장 눈에 띄는 것은 유기적 단순성이다. 유기적 단순성의 첨예화된 기능성을 자세히 관찰하면 형태 뒤에 숨은 기능을 발견하게 된다.

구조적 기능
무스굼 족 건축가들이 사용한 건축 방식은 무엇이었을까? 우선 기초 부분이 벽의 꼭대기 부분에 비해 두껍다는 점이다. 이것이 바로 건물의 안정성을 확보하는 요인이다. 게다가 오비스 오두막의 윤곽은 쇠사슬로 만든 포물선 아치와 흡사하다. 최소의 재료로 아치나 궁륭형 아치 혹은 둥근 지붕을 지탱하는 형태이며, 수학적으로 가장 이상적인 형태다. 탄피홈 모양의 표면 장식은 구조를 보강하고 벽체를 얇게 하는 역할을 한다. 오비스 오두막은 2개의 만곡으로 조가비 형상을 하고 있으며, 현대 공간 구조물의 얇은 막과 같은 가치를 지닌다.

기타 기능
기능이 반드시 구조적인 것은 아니다. 오비스 오두막이라는 명칭은 사선형 아치의 비행선 프로필과 비슷하다. 실제로 이러한 모습은 오두막으로 떨어지는 비

표면에 비계처럼 만든 장식 덕분에 정기적으로 외장 보수를 할 수 있다.

의 영향을 적게 하고, 세포와 같은 줄기들로 인해 물의 흐름을 늦추고 빗나가게 한다. 한편 굴뚝이 있는 집의 경이로운 높이는 기후에 잘 적응할 수 있도록 고안되었다. 실제로 집 꼭대기 부분이 원형으로 뚫려 있어 뜨거운 공기가 쉽게 빠져 나가고 바닥면에 있는 입구 부분으로 찬 공기가 들어와 순환하며 시원한 상태를 유지할 수 있다. 마지막으로 표면에 장식한 요소는 정기적인 외장 보수를 위한 사다리 역할을 한다.

두 오두막은 '데뎀'이라는 터널로 연결되어 있다.

탄두 모양의 오비스 오두막은 처음 발견한 외국 군인들에 의해서 '포환 오두막'이라고 불렸다. 높이는 9미터에 달한다.

오비스 오두막의 구조적 원리

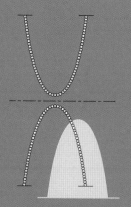

오비스 오두막은 곡선으로 이루어져 있고, 맥이 있다. 곡선과 식물 줄기의 세로줄 같은 요소는 자연에서 보이는 형태적 언어다. 또한 오비스 오두막은 쇠사슬 아치를 연상하게 한다. 쇠사슬의 양쪽을 잡고 중력에 의해 늘어뜨린 실루엣은 주곡선과 일치한다. 이러한 형태는 인장력만 작용한다. 반대로 이렇게 생긴 아치를 거꾸로 하면 쓸데없는 굴절이 전혀 없는 압축력만 받는다. 이 방식으로 만드는 아치는 높이 세울 수 있다. 그 예가 1965년 미주리주의 세인트루이스에 설치한 게이트웨이 아치로 높이가 192m에 달한다.

아프리카의 토착 주거

서아프리카는 다양한 건축 문화를 보여주는
대표적인 지역이다.

→ 흙으로 만든 거대한 조각 같은 입구
는 말리의 젠네에 있는 한 부호 집의 파
사드다. 남근을 상징하는 상부의 장식은
이 집에 사는 자녀 수를 의미한다.

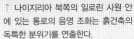

↑ 나이지리아 북쪽의 일로린 사원 안
에 있는 통로의 음영 조화는 흙건축의
독특한 분위기를 연출한다.

→ 나이지리아 북쪽의 하우사Hausa
에 있는 주거에서 아름다운 아라베스
크 문양을 가능하게 하는 흙의 조형성
을 볼 수 있다.

← 토고의 바타마리바Batammariba에 있는
주거의 입구 위에는 3개의 돌출부가 있는데 이
것은 가족 중 가장 어른이 사는 곳을 의미한다.

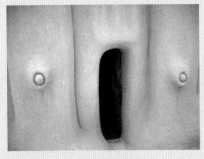

말리의 도곤 지역에 있는 한 집의 입구는 인간의 형상을
보여준다.

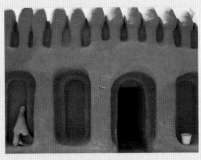

말리의 세구에 있는 전통 주거들은 황색의 적토로 마감되
어 있다. 버터나무에서 나오는 버터로 외부를 마감해 비에
매우 강하다.

나이지리아 주거의 내부 천장과 아치는 세계에서 유일하다.
나뭇단을 서로 묶은 뒤 그 위에 흙을 얹었다.

곡창

아프리카에서 곡창은 매우 중요한 보물이다.
곡창의 개수와 규모는 주인의 부를 나타내며 주거의 중요한 부분이기도 하다.
흙으로 만든 곡창은 건축과 옹기의 경계에 있는 시설로,
경우에 따라 높이가 수미터에 달하고 두께는 몇 센티미터에 불과해
흙으로 만든 구조물 중 세계에서 가장 얇다.

아프리카 대륙의 서쪽 지역은 쌀, 밀, 옥수수, 콩 등의 곡물을 보관하기 위해 지역적 특성인 비, 습기, 설치류, 기생충을 차단해야 한다. 곡창은 모세관현상과 빗물로부터 보호하기 위해 돌 위에 얹는다. 그 돌 위에 아래로 돌출된 납작한 돌을 올려 설치류가 꼭대기에 있는 입구로 올라오는 것을 막는다. 마지막으로 이 돌들은 공기 소통을 원활히 하기 위해 나뭇가지 위에 올린다. 이 방식 덕분에 씨앗을 용이하게 보관하고 곰팡이 발생을 억제할 수 있다.

부의 표현

오랜 기간 가뭄이 있는 지역에서 곡창은 가족의 생존과 직결하기 때문에 반드시 필요하다. 건축가들의 전문 지식과 기술은 곡창 건설에서 정점을 이룬다. 생활 속 귀중품을 보관하는 곡창은 주인의 부를 알 수 있는 아프리카의 전통건축물이다.

흙으로 만든 세계에서 가장 얇은 건축물

곡창 벽체는 6미터의 높이에도 두께가 5센티미터에 불과하다. 곡물의 수평적 하중을 어떻게 견딜까? 어떻게 금이 안갈까? 수시로 변하는 기온의 변화에도 불구하고 어떻게 유지할 수 있을까? 이것이 여러 나라의 건축가들이 곡식 저장고를 만들 때 하는 고민이다. 토공의 비밀은 무엇보다 흙을 준비하는 과정에 있다. 흙을 물과 식물성 혹은 동물성 재료들과 섞어 며칠 동안 썩힌다. 이로 인해 흙의 입자들이 오랜 시간 물과 반응하여 점토의 점성을 높인다. 마지막으로 준비한 재료에 식물성 섬유를 넣어 인장력을 보강한다. 이 방식은 콘크리트에 섬유질을 넣어 고성능화하는 것과 같다.

말리의 도곤Dogon 지역에 있는 거대한 암벽은 비
와 아랫마을의 침입에서 곡창을 보호한다.

나이지리아에 있는 4m 높이의 거대한 곡창의 입구
는 짚으로 만든 모자 모양으로 꼭대기에 있다.

규칙적인 돌기둥 위에 세운 이 곡창의 받침은 흙으
로 된 아치 모양이다.

말리와 나이지리아 국경에 있는 라브장가Labbezanga 마을의 항공사진. 사
각형 건물은 남성 공간이고 원형은 여성과 아이들의 공간이다. 그중 흰색으
로 된 원형이 곡창이다. 이러한 건축 방식으로 마을의 지리를 결정하고 집 간
경계를 정한다.

흙쌓기

가장 단순한 형태로, 찰흙 놀이처럼 차진 흙을 덩어리로 만들어 쌓는 방식이다.
프랑스 농촌 지역에서는 소성 상태의 흙을 갈퀴를 이용해서 쌓는다.
블록을 쌓아 만드는 벽은 마치 다짐 벽과 흡사하다.
세계 곳곳의 이러한 축조 방식은 거의 맨손으로 작업이 이루어지며
마치 커다란 조각과도 같다.

전통적 흙쌓기 방법

제일 먼저 소성 상태의 흙과 천연섬유를 잘 반죽한다. 이렇게 만든 흙덩어리를 벽체와 일체가 되게 주물러 벽 위에 얹는다. 균열을 제거하기 위해 마르지 않은 벽을 막대기로 때리고, 날카로운 도구로 벽을 균일하게 깎는다. 마르기 전의 흙은 무게를 버티지 못하고 무너질 수 있기 때문에 하루에 쌓을 수 있는 양은 한정되어 있다. 여러 번에 나눠서 쌓은 뒤 벽이 마를 때까지 기다려야 한다. 대부분 손으로 작업하지만 프랑스에서는 갈퀴를 이용해서 작업하기도 한다.

현대적 방법

브르타뉴Bretagne 지역에서는 큰 규모의 벽을 작업실에서 만들고 기중기로 옮겨 현장에서 설치하는 방법으로 흙쌓기 방식을 시도하긴 했으나, 현대건축에 적용한 사례는 많지 않다. 대표적 사례는 1996년에 흙쌓기 공법을 현대적으로 응용한 미국 건축가 데이비드 이스턴David Easton이 발명한 흙을 뿜는 방법이다. 컴프레서에 연결된 관을 통해 건조된 분말 상태의 흙을 거푸집처럼 사용하는 수직 나무에 뿌린다. 관에서 나온 흙은 순간적으로 물기가 생겨 벽에 잘 붙을 수 있을 만큼 점착력이 생긴다. 이 방법으로 완성된 벽은 흙쌓기 방식으로 만든 벽처럼 육중하고 반듯하다.

제작 과정

흙쌓기를 위한 흙

흙쌓기는 대부분 맨손으로 작업을 하기 때문에 흙은 자갈이나 돌이 없는 것이 좋다. 지역에 따라 흙의 입자가 너무 작거나 점토 성분이 많은 경우 천연섬유 같은 것을 넣어 균열을 막는다.

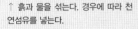

↑ 흙과 물을 섞는다. 경우에 따라 천연섬유를 넣는다.

↑ 흙재료를 뭉쳐 공 모양의 덩어리로 만든다.

↓ 벽 위로 덩어리를 던진다.   ↓ 벽을 두드린다.   ↓ 도구를 이용해 벽을 고르게 다듬는다.

흙쌓기 공법으로 만드는 벽은 두껍고 묵직하며 거푸집 없이 50cm 높이로 연속해서 쌓는다. 이 집 역시 거대한 조각을 하듯 모든 작업을 맨손으로 한다.

흙쌓기의 역사

기원전 10세기 말에서 9세기 초에 중동 지역의 인류가 유목 생활을 멈추고 정착을 시작하면서 흙으로 만든 첫 번째 구조물은 나무와 가지들에 흙을 발라서 만든 심벽이었다. 이러한 벽들이 두꺼워지면서 흙쌓기 방식이 나타났고, 이후에는 벽돌이 만들어졌다. 이처럼 흙쌓기 방식은 오래된 전통 방식이다.

미국 건축가 데이비드 이스턴은 흙을 뿌리는 방법을 활용하여 많은 건물을 지었다.

흙쌓기 방식의 건축문화유산

아라비아 반도 예멘의 흙건축은 부분적으로 흙쌓기 방식으로 되어 있다. 예멘은 흙쌓기 공법으로 여러 층으로 된 건물을 지을 수 있었다. 흙쌓기 공법의 예멘 문화는 사우디아라비아의 나즈란 근처의 인상적인 성곽도시에서도 찾을 수 있다.

흙쌓기는 아프리카의 베냉, 가나, 마다가스카르, 부르키나파소의 로비 등에서도 찾을 수 있다. 아프리카 대륙에서는 세공된 흙을 이용해 다양한 방식으로 흙쌓기를 했다. 이러한 건축은 구조적 섬세함으로 토착 건축의 다양성과 풍요로움을 보여준다. 부르키나파소의 카세나 건축과 차드와 카메룬 국경 근처의 무스굼 주거와 곡창 등이 그 예다.

영국 데번의 농촌 지역과 이탈리아 아브뤼즈 지역의 건축유산도 모두 흙쌓기 공법으로 지어졌다. 프랑스는 북쪽 지역에서 흙쌓기 공법이 많이 보이는데 검소한 농촌 주거에서 주로 나타난다. 방데의 부린과 루아르 지역 브르타뉴의 일에빌렌의 로제르, 코탕탱 반도의 건물에서도 볼 수 있다.

도구를 이용해 벽면을 고르게 깎는다.

세계의 흙건축　77

서아프리카의 이슬람 사원

"좋은 장화와 모자를!"
건축가들이 물의 영향에서 흙집을 보호하기 위해 하는 말이다.
그러나 모세관현상에 의해 올라오는 물을 방어할 수 있는
기초 구조나, 비를 막기 위한 큰 처마를 만들려면
그에 합당한 재료가 필요하다. 그런데 말리나 부르키나파소와 같은
세계 곳곳의 많은 나라들은 이에 적절한 재료를 구하기가 어렵다.
따라서 건축 문화는 나라마다 방식도 매우 다르고,
특색 있는 방식으로 구성되어 있다.

서아프리카 사원들의 벽은 기초나 바닥 없이 직접 축조되었다. 부르키나파소 보보디울라소 Bobo-Dioulasso에 있는 이 벽의 볼록한 덩어리는 물에 의해 움푹 파이는 현상에 대응해 마모의 여지를 둔 것이다.

흙재료의 가장 큰 결점은 물에 민감하다는 것이다. 비에서 흙벽을 보호하는 가장 좋은 방법은 특수 상황에 잘 적응하도록 건축하는 것이다. 일반적으로 넓은 처마는 흙벽의 윗부분을 잘 보호한다. 돌이나 콘크리트를 사용하여 만든 기초 부분은 모세관현상에 의해 물이 올라오는 것을 막을 수 있다. 만약 나무나 돌이 없다면 어떤 방법으로 지을 수 있을까? 두 달 동안 집중호우가 내리는 말리의 비법을 알아보자.

공연과 축제

물에서 흙집을 보호하기 위한 말리의 방법은 축제를 벌이는 것이다. 이것이 말리의 젠네Djenné에 있는 사원에서 행하는 방법이다. 세계에서 가장 큰 흙건축 중 하나인 젠네의 사원은 높이 20m, 길이 75m이며, 지붕은 100개의 기둥이 받치고 있다. 13세기에 3000명의 신도들을 위해 만든 작은 사원에 이어서 1909년에 만들어졌다. 마을 사람들은 2년마다 한 번씩 초벌 바르기를 함께 한다. 2년에 한 번씩 돌아오는 이 시기에 젠네의 사람들은 마치 스페인의 토마토 축제처럼 열광적인 분위기다. 출발 신호와 동시에 흙을 채운 바구니를 든 마을의 젊은이들이 사원으로 달려간다. 북소리는 이 축제를 더욱 흥겹게 하며 옆 마을까지 관심을 갖게 한다. 세계 곳곳에서 온 관광객들은 공사장이 아닌 서커스 공연과도 같은 광경에 놀라움을 금치 못한다. 사람들은 벽에 박혀 있는 나무 받침 위를 신속하고 날렵하게 올라간다. 몇몇 사람들은 부서진 벽을 오르기 위해 긴 사다리를 이용하기도 한다. 토공들은 내려오는 시간을 절약하기 위해 올라가 있는 상태에서 사람들이 사다리를 옮긴다. 열광적이고 흥겨운 분위기 속에서 흙을 바르는 과정은 정확하고 빠르다. 몇 시간 후 사원은 새 건물로 바뀐다.

좋은 장화와 모자?

흙벽은 구조적 특징으로 인해 정기적인 관리가 필요하다. 흙벽은 지면에 바로 접해 있기 때문에 바닥부터 손상된다. 작은 틈은 벽이 무너질 정도로 벽면을

말리의 젠네에 있는 사원은 세계의 흙건축 중에서 가장 큰 규모의 기념비적인 종교 건축물이다.

손상시키는 요인이 된다. 따라서 틈이 있는 곳에는 주로 기초나 토대를 세운다. 그러나 말리의 건축 방식은 매우 다르다. 움푹 파이기 쉬운 하단부를 볼록한 배처럼 만든다. 자연 파손은 볼록한 부분에서 이루어지기 때문에 벽의 기초 부분을 보호할 수 있다. 또한 흙벽의 상단 부분을 첨두아치 모양으로 만들어 물이 고이는 것을 막고, 악천후에 버틸 수 있게 한다. 토공은 시간이 흐르면서 떨어지는 흙을 정기적으로 보수한다. 자연의 변화와 사람의 손길을 거치는 반복된 과정을 거쳐 사원의 모습은 조금씩 변화한다. 이런 과정으로 만들어진 굴곡들은 빗물에 잘 견디고 땅과 건물의 자연스러운 일체를 느끼게 한다.

벽에 박혀 있는 나무들은 흙을 덧바르는 연중 행사 시에 버팀목 역할을 한다.

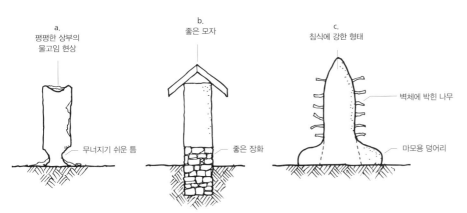

a. 평평한 상부의 물고임 현상

무너지기 쉬운 틈

b. 좋은 모자

좋은 장화

c. 침식에 강한 형태

벽체에 박힌 나무

마모용 덩어리

a. 빗물과 지면에서 올라오는 습기에 의해 흙벽 하단 부분이 부서지기 쉽다. 벽체 상부의 평평한 부분은 물이 쉽게 고여 흙벽으로 스며들 수 있다.

b. 따라서 벽의 하단부는 돌이나 콘크리트로 기초나 바닥을 만들고 상단은 챙이 넓은 지붕을 씌운다.

c. 서아프리카에서는 수시로 보수작업을 할 수 있게 나무를 벽 안에 박는다. 상층부는 첨두아치 모양으로 만들어 비로 인한 마모를 최대한 적게 한다.

서아프리카의 이슬람 사원

말리나 부르키나파소에는 각 마을마다 흙으로 만든 사원이 있다.
이러한 사원들은 서로 경쟁하듯 아름다움을 자랑한다.
전체적인 구조 방식이 같음에도 불구하고 매우 다양한 모습을 보인다.

말리의 아스키아 무덤

송가이 제국의 아스키아 황제가 메카로 성지순례를 가던 중 이집트 피라미드에 감명을 받고 1495년 말리의 가오에 피라미드와 비슷한 모양으로 자신의 주검을 묻을 기념물을 만들기로 결정했다. 아스키아 무덤은 송가이 제국과 고대 이집트 영향이 합쳐진 창조적인 만남의 결과이다. 현재 유네스코 세계문화유산에 등재되어 있다.

← 마르셀로 코르테스는 심벽 공법으로 현대적 건축을 구현한다. 목구조가 철구조를 대체하고, 흙은 채움재로 쓰이며 구조체를 보완한다.

← ← 철구조체를 통해 큰 규모의 개구부와 경사진 벽체 건축을 가능하게 한다.

마르셀로 코르테스

칠레 건축가 마르셀로 코르테스Marcelo Cortés는 건축 재료 생산 과정 중 가장 많은 에너지를 소비하는 철재를 흙과 함께 사용한다. 생태적 관점에서 보면 비논리적이지만 마르셀로 코르테스의 건축물은 전통적 내지진형 구축 시스템의 재해석으로 연속성이 보장된다는 점에서 나름의 일관성을 지닌다.

건축가이자 기업가

마르셀로 코르테스는 흙건축에서 건축적 개념과 더불어 기술적 개발에도 참여한다. 토공이자 기업가로 현장에서 직접 실무를 다룬다는 점에서 마르셀로 코르테스의 건축은 앞으로도 전망이 있다. 머리는 구름 속에 있지만 발은 언제나 땅을 밟고 있는 것이다.

흙과 철의 만남: 새로운 심벽 공법

산업화된 재료인 철과 콘크리트는 공간을 만들어내는 새로운 길을 열었다. 마르셀로 코르테스는 이러한 건축의 잠재성을 자신의 작품에 적용했다. 철구조의 기계적인 강도는 큰 개구부나 경사지거나 굽은 입면의 적용을 용이하게 한다. 그러나 20세기를 장식한 건축 형태의 진화는 철과 콘크리트의 우수한 기계적 성능뿐만 아니라 건축 사상의 진화이기도 하다. 강도가 약한 자연적 재료는 현대건축에 적용할 수 있다. 마르셀로 코르테스는 이러한 자연적 재료와 철과 같은 산업화된 재료를 함께 사용했고, 이러한 결합은 미학적 가치뿐만 아니라 구조적으로도 가치가 있다. 그의 건축방식은 집의 현대화 과정인 구조목에 흙과 볏짚을 채운 박공지붕과 심벽 공법을 이용한다. 마르셀로 코르테스는 구조체의 기술을 발전시켰다. 철로 된 보를 구성 요소로 사용하고, 그 사이에 흙을 지탱하던 전통적 각재목을 철망으로 대체한다. 아코디언 모양으로 접힌 철망은 건물의 지지력을 높이고, 흙과 볏짚을 섞은 재료는 각재목보다 강하게 밀착한다.

건축 문화의 확장

언뜻 보면 재활용이 가능한 자연 재료인 흙과 생산과정에서 많은 에너지가 소모되는 철의 만남은 역설적으로 보인다. 그러나 두 재료를 함께 사용하는 것은 현실적으로 매우 유용하다. 이러한 건축 방식은 지진지대에 적합한 구조적 안정을 제공하기 때문이다.

마르셀로 코르테스의 건축 방식은 타원형
의 건물 짓기를 가능하게 한다.

심벽

심벽 방식이나 목조가 겉으로 들어나는 방식으로 지은 집들은
목재가 구조체로 사용되고 그 사이에 볏짚과 함께 흙을 채운다.
소성 상태의 흙이 기둥 사이에 낀 각재목들을 덮는다.
흙과 나무를 결합한 방식은 현대의 다양한 건축 시스템으로 변형되어
적용하고 있다. 목구조는 일반적으로 매우 가볍고 시공성이 뛰어나다.
한편 흙은 채움재로 매우 적합하며 적용이 용이하다.

심벽을 위한 흙

심벽에는 세밀하고 점토 성분이 많으며 접착력이 뛰
어난 흙을 사용한다. 이러한 흙은 모래 성분을 많이
함유하지 않아 균열이 생기기 쉽다. 이를 보완하기
위해 볏짚과 같은 천연섬유를 섞는다. 천연섬유와 혼
합한 흙은 프랑스 북쪽 지역에서 많이 볼 수 있다. 이
지역에는 황토처럼 매우 고운 풍화, 침식된 흙이 많
다. 반면 프랑스 브레스 지역의 흙은 모래와 진흙을
많이 함유하고 점토 성분이 많지 않아 균열이 적다.
이런 경우에는 볏짚을 섞지 않고 심벽을 만든다.

각재의 전통

심벽의 전통적 시공 방식은 구조체 유형에 따라 다르
다. 가장 간단한 경우는 기둥 사이에 일정한 간격으
로 틈을 주고, 그 틈에 수평적으로 각재를 끼우는 방

식이다. 그래서 보통 이러한 구조체는 각재 이름을
많이 사용한다. 흙은 물과 소성 상태가 되게 잘 섞고,
대부분의 경우 볏짚을 함께 넣는다. 이렇게 각재 사
이와 각재 위에 흙을 채운 후 흙이 다 마르면 흙으로
마감하거나, 경우에 따라 석회 혹은 모래를 섞은 석
회를 발라 마무리한다.

현대적 진화

최근 뼈대와 채움재의 결합 기술은 더 가볍고, 단열
성능을 보완한 방향으로 진화하고 있다. 나무가 얇
아져서 더 많은 볏짚을 함유한 흙을 사용하는데 이는
섬유의 결합력을 높인다. 볏짚과 혼합한 흙은 경량흙
이라 하며, 장착이 용이한 목재 거푸집 안에 넣고 가
볍게 다진다. 흙이 마르면 표면은 마감할 수 있는 단

제작 과정

목구조 세우기   각재 고정시키기   물과 흙과 짚 섞기   각재 위에 흙 바르기   흙이 마른 후 흙마감 하기

↑ 독일건축가 프란츠 볼하르트franz volhard가 설계한 이 집은 나무 뼈대에 흙과 짚으로 만든 벽돌을 채워서 만들었다. 이 방식은 심벽의 현대적 해석이다.

← 심벽으로 만든 집은 목구조에 각재목을 고정시키고 그 위에 볏짚과 흙을 섞어 바른다.

단한 상태가 된다. 또 다른 방법은 흙-대패밥 방식으로 목구조 위에 갈대를 고정한 후 대패밥과 흙을 섞어 넣는다. 이와 같이 진화한 방식의 흙건축은 신속성, 단순성, 작업의 용이성으로 미래의 한 대안이 될 수 있다. 최근 몇 년 동안 PC 방식의 심벽이 활용되고 있다. 작업실에서 목조 얼개를 만든 후 현장에서 흙을 채우는 방식으로, 가격 절감과 시간 절약이 가능하다.

심벽의 역사

주거 형식으로 처음 알려진 것은 흙, 나무, 돌로 만든 반지하의 원형 즉 '원형 구덩이'다. 식물 뼈대에 흙을 바른 이 심벽 방식은 기원전 10세기에 중동 지역에서 발전한 구조 기술로 가장 오래된 것 중 하나다. 이러한 얼개 노출 방식의 주거 형태는 기원전 6세기에 유럽 전체로 확산됐으며, 북유럽 건축유산의 대표적 요소로 오늘날까지 계속 발전하고 있다.

심벽 공법의 건축문화유산

흙다짐이나 어도비와 비교하면 심벽으로 지은 세계문화유산은 많지 않다. 터키의 앙카라 지역 북쪽 200km 지점에 위치한 도시 사프란볼루에 있는 오스만식 주거와 우간다에 있는 부간다 왕의 무덤인 카수비 묘 등이 있다. 그리고 프랑스 프로방스 지역의 중세 도시와 스트라스부르, 브라질의 디아만티나에도 세계문화유산에 등재된 심벽 건축물이 있다. 목구조에 흙을 채우는 방식의 건축은 북유럽과 독일, 영국의 큰 도시에서 많이 이루어졌으며, 프랑스의 트루아Troyes, 투르Tours, 렌Rennes, 르망Le Mans, 콜마르Colmar 등의 구 시가지에서도 주로 볼 수 있다. 또한 심벽 공법에 적합한 나무가 많이 분포한 열대성 기후 지역인 남아메리카, 아프리카, 아시아에도 널리 퍼져 있다.

사프렘 마이니

사프렘 마이니Satprem Maini의 작품은 흙을 재료로 한 건축적 완성도와
기술적 성과를 기본으로 한다. 그는 주로 압축흙벽돌을 사용하며,
대규모 지지대가 필요한 건물을 위해 아치, 궁륭형 아치, 둥근 천장을 만든다.

기술적 성과

인도 오로빌Auroville의 건축가 사프렘 마이니는 흙으
로 만든 둥근 천장과 궁륭형 아치, 아치의 뛰어난 전
문가 중 한 명이다. 그는 완벽한 기술적 숙련도와 현
장에서의 세심한 조직화로 기록적인 시간 안에 놀라
운 건물을 완성한다.

7주 만에 완성된 이슬람 사원

사프렘 마이니는 2004년에 사우디아라비아의 리야드
Riyad 중심에 18m 높이의 첨탑과 함께 432m²에 달하
는 흙벽돌로 된 이슬람 사원을 단 7주 만에 완성했다.
첨탑의 기초부터 꼭대기까지, 냉방 시설과 음향 시
설, 전기 시설까지 포함한 이 대규모 공사는 1월 5일
에 시작해서 2월 22일에 완공했다. 이 도전을 실현하
기 위해서 마이니는 오로빌의 전문가 5명과 자격증이
없는 석공 75명, 인부 150명과 함께 했고, 인부들은
공사를 시작하기 전에 압축흙벽돌 생산에 대한 교육
을 받았다. 흙을 압축하는 2대의 수동형 압축기를 이
용해 현장에서 약 16만 개의 벽돌을 만들었다.

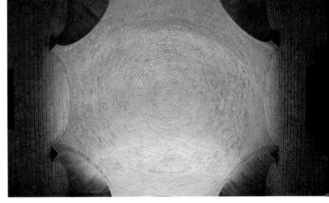

인도 오로빌에 있는 이 궁륭형 아치는 압축흙벽돌로 만든 것으로,
직경 10m가 넘는 지지대가 있다. 석공 4명이 3주에 걸쳐 거푸집
없이 만들었으며 꼭대기 부분의 두께는 14cm에 불과하다.

↑→ 사우디아라비아 알 메디Al Medy에 있는 이슬람 사원이다. 거푸집 없이 만
든 압축흙벽돌로 기둥 위에 둥근 천장과 궁륭형 아치를 만들었다. 7주 만에 만든
이 건물은 둥근 천장과 궁륭형 아치로 흙벽돌의 실효성을 입증했다.

삼각아치 위의 둥근 천장

흙으로 만든 궁륭형 아치와 둥근 천장은 매우 빠른 속도로 만들어진다. 수직 표면에 여러 개의 흙벽돌을 붙일 수 있는 흙으로 된 모르타르 덕분에 거푸집 없이 작업할 수 있기 때문이다. 삼각아치 위에 둥근 천장은 4개의 아치 위에 구형의 둥근 지붕을 지어 만든다. 그리고 이 아치는 각 기둥에 세운다. 건축 단계는 다음과 같다. ① 기둥의 기초가 되는 벽돌을 바닥 위에 올린다. ② 나무로 된 반원의 거푸집을 기둥 위에 설치한다. ③ 거푸집 위에 벽돌을 쌓는다. ④, ⑤, ⑥ 마지막으로 둥근 천장을 만들기 위해 삼차원의 컴퍼스나 끈을 사용한다. 이러한 구조물은 매우 빠른 시간에 건축이 가능하고 방법이 간단해 전문적인 실력이 없는 사람들도 작업이 가능하다. 몇몇 국가에서는 벽돌을 쌓은 후 공사가 끝나면 거푸집을 해체하기도 한다.

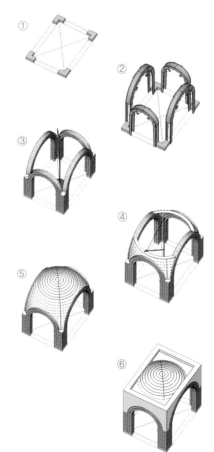

압축흙벽돌

압축흙벽돌은 흙다짐의 일종으로 습윤 상태인 분말의 흙을
압축기 안에 넣어 만든다. 이 기술의 장점은 어도비와 같이
벽돌의 조적 방식에 있다. 만든 벽돌을 사용하기 전에
큰 규모의 면적 위에서 말리는 과정이 필요한 어도비와 달리
압축흙벽돌은 만든 즉시 저장이 가능하다.

← 그르노블에 있는 압축흙벽돌로 만든 이
집은 크라테르 연구소가 24시간 만에 만든
것이다.

제작 과정

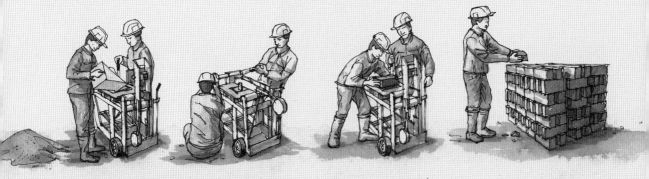

습윤 상태의 흙을 압축기 틀에 넣기   흙 압축하기   틀을 제거한 압축흙벽돌   저장하기

압축흙벽돌을 위한 흙

입자가 큰 흙은 압축흙벽돌을 만드는 틀에서 일정하게 압축하기가 어려워 사용이 어렵다. 따라서 압축흙벽돌을 위한 흙은 점토, 실트, 모래가 일정한 비율로 있어야 한다. 흙에 점토 성분이 너무 많으면 마르는 과정에서 균열이 생기기 쉬우므로 이러한 균열을 줄이기 위해 모래를 첨가한다. 기계적 경도와 물에 대비하기 위해 시멘트나 석회를 추가하기도 한다.

수동식 압축기를 이용한 생산

먼저 분말 상태가 고른 습기 있는 흙을 준비한다. 이것을 위해 시멘트나 석회를 섞은 상태에서 재료의 물리적 특징에 따라 부수고, 체로 거르고, 잘 섞는다. 이렇게 섞은 재료를 압축기의 틀에 넣는다. 뚜껑을 덮고 손잡이를 눌러서 압축한다. 그리고 벽돌이 틀에서 나오면 저장을 위해 공기와 접할 수 있는 곳에 쌓아둔다. 시멘트나 석회가 섞여 있을 때는 굳히기를 위해 천천히 마를 수 있도록 습기를 유지한다.

현대적 발전

최근에 개발한 방식임에도 불구하고 압축흙벽돌 기술은 지금까지 많은 발전을 했다. 수동식 압축기로 하루에 300~800개를 만들고, 공장에서는 하루에 5만 개까지 생산할 수 있다. 하지만 오늘날에는 생산 및 유통 과정이 필요해 효과가 적다. 또한 압축흙벽돌 기술은 현장에서 가볍고 이동이 쉬운 수동식 압축기보다 경제성이 떨어지는 것으로 밝혀졌다.

압축흙벽돌의 역사

1952년 콜롬비아 엔지니어인 라울 라미레즈가 처음으로 압축흙벽돌 생산을 위한 압축기를 개발했다. 신바람이라 불린 이 압축기는 단순한 작동법, 수동식 이용법, 가벼운 무게 때문에 1970년까지 전 세계 시장을 뒤흔들었다. 그 후 점차 내성과 수명이 보완되었다. 1980년과 1990년 사이에 아프리카, 라틴 아메리카, 인도의 경제적 주거 프로그램의 실현 과정에서 경이적인 성공을 이루었다. 이것은 흙건축을 재평가하는 중요한 매개가 되었고 건축의 근대화에 공헌했다.

압축흙벽돌로 만든 건축문화유산

압축흙벽돌은 흙으로 만드는 다른 공법에 비해 다소 늦은 20세기 중엽에 개발되어 현재까지 기념비적인 건축물은 없다. 그러나 여러 대륙의 개발도상국 혹은 산업화된 나라에 압축흙벽돌을 만드는 공장들이 지어졌고, 큰 규모의 주택 건축을 가능하게 했다. 실례로 마요트Mayotte 섬에서 1980년대에 압축흙벽돌 기술로 1만 5000개의 집과 공공시설을 지었다.

← 콜롬비아의 건축가 다리오 앙굴로Dario Angulo는 압축흙벽돌로 단독 및 공동 주택을 지었다.

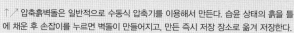
↑↗ 압축흙벽돌은 일반적으로 수동식 압축기를 이용해서 만든다. 습윤 상태의 흙을 틀에 채운 후 손잡이를 누르면 벽돌이 만들어지고, 만든 즉시 저장 장소로 옮겨 저장한다.

중국 하카인의 토루

르코르뷔지에Le Corbusier는 프랑스의 공공임대주택인 타워형 HLM과 같은
'수직 도시'를 상상했다. 하지만 중국에서는 이미 7세기 전에 직경 70m에
800명까지 생활이 가능한 대규모 공동 주거인 토루가 있었다.
하카Hakka인의 주거인 토루는 주거 공간 외에도 학교와 같은 공공을 위한
공간을 갖춰 하나의 마을이라고 해도 과언이 아니다. 토루의 구조는 원형이나
사각형의 단순한 형태로 무거움과 가벼움이 서로 조화를 이룬다.

이국적인 토루

토루는 사각형이나 원형으로 되어 있으며, 수백 명
이 지낼 수 있는 여러 층의 거대한 주거 단지다. 17세
기에서 20세기 사이에 중국의 푸젠성 지역 서남쪽에
서 120km 떨어진 곳에 지어졌다. 산속의 차나 담배밭
혹은 논 주변이나 울창한 자연 속에 조화롭게 퍼져 있
는 토루는 약탈자들의 잦은 침탈에서 방어하기 위한
목적으로 건설되었다. 그런 이유로 외부는 단 한 개의
문과, 창문이 거의 없는 거대한 흙벽으로 만들어졌다.
반면 내부는 여러 형태의 나무로 만들어져 가벼운 느
낌이다. 가장 발달한 형태는 17세기에서 18세기에 걸
쳐 지어졌고, 1975년에 마지막 토루가 지어졌다. 거대
한 규모의 공동 주거 특성과 방어적이면서도 자연과
잘 어우러진 문화적 전통을 간직하고 있어 2008년 유
네스코 세계문화유산에 등재되었다.

미래의 공동 주거를 생각하다

오늘날 세계의 도시 인구가 지속적으로 증가하고 있
어 주거 밀도에 대한 고민이 매우 중요한 이슈가 되
고 있다. 토루뿐만 아니라 시밤이나 가다메스는 이와
같은 주거 밀도에 대한 해답을 제안하고 있다. "과거
가 미래를 밝히지 않는다면 현재는 암흑 속을 거닐
것"이라는 토크빌Tocqueville의 말처럼, 오늘날 겪는 문
제들에 대한 해답의 실마리는 종종 과거에서 찾을 수
있다.

외부의 단순한 파사드와 대조적으로 칸막이가 된 내부는 매우 복잡하고, 장식이
풍부하다. 한 토루에 800명까지 생활을 한다.

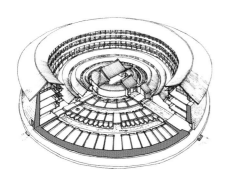

1709년에 지은 쳉키Chengqi 건물은 직경 73m에 높이
12m이며, 4개의 구로 구성되었다. 4층 건물에 총 400개의
방이 있다. 건물마다 1층에는 주방과 식당, 2층에는 창고, 3
층과 4층에는 거실과 방이 배치되어 있다. 장례식, 결혼식
등 공공적인 기능을 위한 모임 장소는 건물 중심에 있다.

녹음이 우거진 산속에 자리 잡은 토루는 흙다짐으로 만든 거대한 원형의 집합 주거다.

토루는 방어를 목적으로, 높고 넓은 4층 규모의 흙다짐 벽으로 되어 있다. 입구는 1개다.

만인을 위한 주거

유엔의 주거 관리 기구에 따르면 빈민굴에서 살고 있는 인구가 현재 1억 명에서
2050년에는 3억 명에 다다를 것이라고 한다. 앞으로 25년 동안 꾸준히 증가하는
세계 인구에 대비하기 위해서는 매시간 4000채의 집을 지어야 한다.
흙은 산업화 재료들이 제공하지 못하는 질적으로 우수한 주거 건축을
가능하게 하는 지속 가능한 대체 재료다. 따라서 흙으로 만드는 건축은
지역 개발을 위해 고용과 부를 창출하는 중요한 수단이 된다.

24시간 내에 짓는 집

유엔 기구가 '무주택자들의 해'로 정한 1986년에, 그
르노블의 크라테르 연구소는 이를 기념해 24시간 만
에 흙집을 지었다. 내력벽과 둥근 천장과 궁륭형 아
치로 구성되어 있으며 현재까지 대학교 내에서 사무
실로 이용되고 있다. 이 건축물은 나무나 철, 콘크리
트를 사용하지 않았으며, 집 전체를 흙으로 지었다.
압축흙벽돌을 사용했는데, 이 공법의 특징은 빠른 시
공이 가능하다는 점이다. 크라테르 연구소의 흙집 프
로젝트는 보편적이고 자연 친화적이고 저렴한 재료
인 흙을 사용해서 건축 재료로서 흙의 다양성과 가능
성을 보여주었다.

마요트 섬의 사례

흙의 가장 대표적인 장점 중 하나는 경제성이다. 고
용 창출이 가능하며, 생산 과정에서 많은 투자가 필
요하지 않다. 흙건축은 현장에서 재료 조달이 가능하
기 때문에 지역 경제 수단이 될 수 있다. 즉 부를 창
출해낼 수 있다. 시멘트나 철과 같은 산업 재료의 수
입이 사회적, 생태적, 경제적 측면에서 부조리한 경
우가 많이 있다. 예를 들어 1980년대 초, 마요트 섬에
서는 대부분의 주거 환경이 기후에 영향을 많이 받는
식물 재료를 기초로 지어져서 매우 열악했으며, 태풍
이나 장마에 견디지 못했다. 이즈음에 크라테르 연구
소가 전통건축의 민족학적 연구를 기초로 한 주거 개
선 프로그램을 제시했다. 이후 흙과 관련한 산업이
자리를 잡게 되었다. 크라테르의 주거 개선 프로그램
으로 20여 개의 벽돌회사가 설립되었고 그로부터 20
년 후에는 1만 5000여 개의 주거와 공공건물이 건립
되었다.

마요트 섬 사람들은 흙건축 기술을 빠르게 익히고,
흙건축과 관련된 많은 기업을 만들었다. 마요트 섬의

1   2   3

1982년 이후 마요트 섬의 부동산 회사는 건축가 빈센트 리타Vincent Liétar와 함께 압축 흙벽돌로 만든 임대주택을 계획하고 건설했다.

사례에서 알 수 있듯이 흙과 같은 지역 재료는 전문 지식, 지역민의 지지, 당국의 의지와 결합했을 때 그 잠재성이 얼마나 큰지를 보여준다. 그 후 모로코, 오스트레일리아, 살바도르, 부르키나파소, 남아프리카 등 세계의 여러 나라에서 비슷한 방식으로 흙건축 프로젝트가 진행되었다.

하산 파티 Hassan Fathy, 1900~1989

하산 파티는 이집트 건축가로 세계의 어도비를 새롭게 재현한 건축가 중 한 사람이다. 그는 일찍이 이집트 농민들의 집이 너무 작고 어둡고 지저분하며 불편하다는 것을 깨달았다. 그는 아스완Aswan에서 뉘비안식 궁릉형 아치의 전통건축 방식을 발견했다. 이 건축 방식은 두 기능공이 거푸집 없이 3x4m 면적의 지붕을 반나절 만에 덮을 수 있다. 또한 비용은 콘크리트 건축 방식 비용의 5분의 1 정도면 충분하다. 하산 파티는 카이로 근처의 마을 하나를 재건축하면서 2개의 큰 방, 취침을 위한 알코브, 붙박이 수납 공간, 넓은 창고, 큰 로지아 등을 갖춘 집을 만들었다. 이집트 정부는 이와 같이 흙을 이용한 좋은 질과 저렴한 공사비로 룩소르Luxor 근처에 7000명이 살수 있는 마을을 만들게 했다. 하산 파티는 구르나 마을에 1500개의 주택을 지었고, 이 마을은 제3세계 국가들의 새로운 건축 모델이 되었다. 또한 지역주민이 직접 흙으로 벽돌을 만드는 등의 공동작업을 하면서 흙건축의 경제적 효과도 보여주었다.

1. 남아프리카의 이스트런던에서 흙으로 만든 주거단지 건설은 사람들이 지식과 기술을 습득하고, 건설 분야의 일을 하게 되면서 그들의 자존감을 높이는 계기가 됐다. 또한 그 주거단지는 2002년에 반 데르 레이Van der Leij 주택재단과 남아프리카 주택부가 주관하는 '가장 획기적인 프로젝트 상'을 수상했다.

2. 부르키나파소에 있는 이 학교는 교육부가 농촌 지역에 1000개의 학교를 세우는 대규모 프로젝트의 일환으로 1988년에 지어졌다.

3. 이 두 채의 주택은 1993년에 압축흙벽돌을 사용해 쿠루Kourou에 지어졌다.

4. 1980년대 초부터 지역 재료로 1만 5000개의 집과 공공건물을 지었다. 여러 개의 교실이 있는 이 학교는 건축가 레온 아틸라 셰시알Leon Attila Cheyssial이 1984년에 돌, 나무, 흙으로 설계했다.

5. 이 집은 그르노블의 크라테르 연구소에 의해 24시간 만에 완성되었다. 그로 인해 압축흙벽돌이 산업화된 재료와 충분히 경쟁할 수 있음을 보여주었다.

4   5

사회를 위한 건축가

세계 곳곳에서 많은 건축가들이 지역 주민들과 함께 흙을 이용해
극빈자들에게 적합한 주거를 마련해주고 있다.

건축가 디에베도 프랑시스 케레Diébédo Francis Kéré는 아프리카에 지속 가능하고 현대적인
건축을 추진하는 데 성공했다. 그가 처음 실현한 부르키나파소 간도Gando에 지은 초등학교는
흙벽돌과 현대적 재료인 철을 잘 결합했으며, 벽체를 위해 만든 압축흙벽돌과 내부 온도를 감안
한 천장을 계획하였다. 건물과 띄운 철구조물에 지붕을 설치해서 청각적으로 편안한 효과가 있
으며, 자연 통풍이 가능하게 했다. 또한 처마는 태양과 비에서 건물을 보호한다. 이 초등학교는
건축적 명료성과 사회적 가치로 2004년 아가 칸Aga Khan 상을 받았다.

역시 아가 칸 상을 받은 이 학교는 안나 헤링거와 에이크 로즈와그가 2007년 방
글라데시에 수작업으로 세웠다. 2층의 구조물을 통풍이 잘 되는 대나무로 만들
어서 1층의 흙구조물이 받치는 무게를 줄였다.

흙미장

흙미장은 흙재료 중 사용법이 가장 간단하며, 석회나
시멘트 등의 연장을 사용한다. 흙은 시멘트나 석고처럼
빨리 응고되지 않아 작업이 수월하다. 따라서 경험이 없는 사람도
쉽게 기술을 익힐 수 있다. 한 가지 어려운 점은 흙의 선택과 준비다.
산업화된 나라에서는 흙미장의 재료를 건설 시장에서 바로 사용할 수 있게
포대에 채워서 판매하며, 다양한 색상과 질감을 연출한다.

미장을 위한 흙

미장을 위한 흙은 용도에 따라 다르다. 바탕 미장은
쉽게 부서지는 것을 막기 위해 점토 성분이 충분한
모래 성분의 흙을 사용한다. 그리고 일반적으로 모래
나 천연섬유를 넣어 균열을 방지한다. 아주 얇은 마
감 미장을 위해서는 미세한 흙을 사용하며, 바탕 위
에 단 몇 mm만 덧칠한다.

현대적인 진보

산업화된 나라에서는 전문 기업에서 바로 사용할 수
있게 흙미장의 재료를 가루로 만들어서 판매한다. 보
통 포대나 톤 단위로 판매하며 작업하기 전에 물만
섞어주면 된다. 섞는 작업도 시멘트 미장에서 사용하
는 핸드믹서로 가능하다.

미장 방법

흙미장에 사용하는 연장은 석고, 석회, 시멘트 작업
과 마찬가지로 흙받이, 흙삽, 흙손 등 다양하다. 또한
흙은 석회나 시멘트처럼 피부를 손상시키지 않기 때
문에 손으로도 직접 작업이 가능하다. 우선 가는 자
갈, 굵은 모래 등을 제거하기 위해 체로 흙을 걸러낸
다. 그리고 필요한 경우, 점착성 있는 반죽처럼 쉽게
바를 수 있게 물과 모래와 섬유 등을 섞는다.

제작 과정

흙 고르기   물 섞기   바탕에 물 칠하기   바탕 위에 흙 바르기

준비판은 다양한 색상과 질감으로 흙미장이 되어 있다. 사용하는 연장은
흙받이, 흙삽, 흙손 등 매우 다양하다.

1

2

3

4

5

1. 흙은 물을 충분히 함유하고 있어 점착성이 뛰어나 잘 붙
고 바르기 쉽다.

2. 흙의 성질은 놀라울 정도로 단순하며, 대량으로 단단한
마감 작업을 할 수 있다.

3. 흙미장은 경우에 따라 석고처럼 조각이 가능하다.

4. 밤색의 흙미장을 긁으면 안쪽에 붉은색 면이 나타난다.

5. 흙미장 연장인 스펀지 흙손으로 바탕면을 고르게 다듬으
며 물을 바를 수 있다.

다니엘 뒤쉐

흙건축은 약 1만 1000년의 오래된 전통이 있다.
그러나 아직 창조의 가능성은 남아 있다.
독일의 인테리어 건축가 다니엘 뒤쉐Daniel Duchert는 흙재료를 분해해서
전 세대의 예술을 재해석한 자신만의 독창적인 형태를 만들어낸다.
이것은 다양한 잠재성을 근간으로 하는 자연과,
복합적이면서도 단순한 물질의 깊은 이해를 통해 가능하다.

물질의 본질을 보는 것

다니엘 뒤쉐는 흙의 근본인 자연을 이해하고, 진정한 예술 작품을 실현하기 위해 흙을 사용한다. 흙의 성분은 돌, 자갈, 모래를 포함하는 정도에 따라 다른 특성을 지닌다. 세밀한 파편, 특히 점토로 구성된 것은 경우에 따라 점성이 있거나 좀 더 변형이 쉽다. 또한 흙은 공기와 물을 포함하고 있고, 그 비율에 따라 변형이 이루어진다.

디자인을 위한 흙

다니엘 뒤쉐는 새로운 질감을 창조하기 위해 흙을 사용한다. 우선 서로 다른 입도 구성의 구역을 결정하기 위해 그래픽 효과가 있는 흙미장을 사용한다. 그는 양생 과정에서 금이 간 점토를 세밀하게 통제하며 디자인 구성으로 이용한다. 또한 한 작품에 다양한 색과 질감을 적용한다. 예를 들어 흰색 미장을 하고 검은색 미장을 한 뒤 형태를 긁으면 검은색 위에 흰색이 나타난다. 또한 다양한 질감을 연출하기 위해 흙을 조각한다. 미장이 마르지 않았을 때 손이나 도구를 이용해서 점토 표면에 고대의 문자를 연출하기도 한다. 이처럼 흙은 다양한 질감과 디자인 표현의 가능성이 무궁무진하다.

숙련을 위한 재질의 이해

재료의 속성에 대한 섬세한 이해가 바탕이 될 때 그 재료를 다양하게 활용할 수 있다. 흙을 인테리어나

예술가는 작품을 통해 흙으로 표현할 수 있는 다양한 조형과 재료의 무궁무진한 가능성을 보여준다.

이 작품은 가로와 세로가 각각 2m다. 흰색 미장 위에 검은색 미장을 한 뒤 다 마르기 전에 검은색 층을 긁으면 흰색 층이 나타나 다양한 문양을 만들 수 있다.

디자인에 적용하는 다니엘 뒤쉐의 작업은 흙건축을 보편화할 수 있고, 경우에 따라 새로운 건축 방식을 만들 수 있다. 흙의 다양하고 복합적인 잠재성 개발에는 많은 가능성이 남아 있고, 사회에 적용할 수 있는 여지가 충분하다.

다니엘 뒤쉐가 흙벽 위에 전통적인 메소포타미아 글씨체를 새기고 있다. 아직 마르지 않은 곳에 표식을 새겨 음영의 조화를 이룬다.

다니엘 뒤쉐의 작품

흙은 방법에 따라 얼마든지 새로운 형태로 표현이 가능하다.
디자인이나 일반적인 건축에서 흙은 다양한 실험이 가능한 재료다.
과연 얼마나 다양한 표현이 가능할까?

다니엘 뒤쉐는 토공인가, 예술가인가? 그는 도구를 이용하거나 손으로 직접 작업을 하는
데 이 과정들은 대부분 실험적이다. 또한 재료와의 직접적인 접촉은 예술적 영감의 근원
이자 본질적 과정이다.

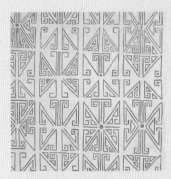

흰색 미장을 긁어 만든 붉은색 문양.

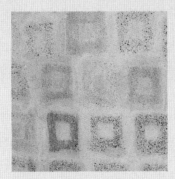

굵은 입자가 많은 아래층에서 나타난 사각형
모양.

지그재그 모양으로 적층된 알매흙.

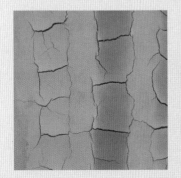

수직으로 균열이 생긴 층과 균열이 생기지 않
은 층의 반복.

흰색 흙 위에 검은색 흙을 덮은 뒤 긁어서 만든
문양.

줄무늬 형태로 긁은 마감 표면.

마감 위를 긁어서 만든 기하학적인 문양이
그림자에 의해 강조된다.

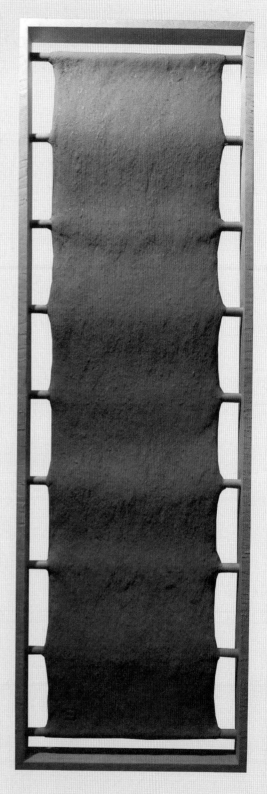

흙이 나무 구조물 위에 펴진 표피처럼 보
인다. 그리고 그 위에 떨어지는 빛은 마치
파도가 일렁이는 듯한 효과를 준다.

매력적인 재료, 흙

만리장성, 시밤, 가다메, 알람브라 궁전……. 앞서 다룬 수백 년 역사의 세계 문화유산들은 다음과 같은 사실을 증언한다. 흙으로 된 건축은 얼마든지 가능하고, 무엇보다도 흙이라는 재료는 여러 가지 차원에서 지속 가능성을 지니고 있다는 점이다. 그런데 쉽게 자연 상태로 되돌아가는 흙으로 어떻게 건설을 할 수 있을까? 도랑 속 흙 위를 걸어보자. 진흙은 우리의 체중을 이기지 못하고 뭉개지고 만다. 이러한 재료가 어떻게 몇 층이나 되는 건물의 무게를 지탱할 수 있을까? 도대체 흙건축은 어떻게 가능한 것인가?

불과 한 세기 전까지 물리학자들은 단순한 모래성의 성질조차 제대로 알지 못했다. 물기가 빠지면 허물어지는 이유도 설명하지 못했다. 흙으로 만든 벽으로 나아가면 더더욱 종잡을 수 없었다. 이런 상황에서, 흙의 구성물에 대한 오늘날의 연구는 그동안 알려지지 않은 흙의 물리·화학적 성질에 새삼 주목하게 만든다. 모래성의 물리적 정체조차 제대로 알지 못하던 우리에게, 흙의 성질에 대한 과학적 분석은 상당히 최신의 연구 분야라 할 만하다. 윌리엄 블레이크의 시에 이런 구절이 있다. "모래 알갱이 하나에서 세상을 보고……." 건축 재료로서 흙이 지닌 다양한 특징을 살펴보고, 그것이 선사하는 무한한 가능성의 세계를 지금 만나보자.

흙이란 무엇인가?

지금 우리가 발 딛고 서 있는 곳에서 퍼낸 흙으로 건물을
지을 수 있을까? 최근 건축계에서 발견하게 되는 흥미로운
경향이 한 가지 있다. 멀리 떨어진 곳에서 재료를 마련해
건축 현장까지 싣고 오는 일이 환영받지 못하고 있다는
사실이다. 이런 추세에서, 우리는 새삼 흙에 주목하게 된다.
흙집을 짓기 위한 재료는 농촌 주거지 주변의 땅에서
충분한 양을 쉽게 확보할 수 있다.

지구상 모든 땅에 존재하는 흙. 그 정체는 무엇일까?
흙은 다양한 색과 모양을 띤 수없이 많은 입자들의
독특한 혼합물이다. 여러 가지 건축 기술을 적용하기에도
적절한 다양한 특징을 지니고 있다.
사실 흙은 콘크리트처럼 입자로 된 재료들의 혼합물이기에
'흙 콘크리트'라고 부를 수도 있을 것이다.

흙, 재활용이 가능한 재료

건축에 적합한 흙

건축 재료로 흙을 사용할 때 표토는 쓰지 않아야 한다. 표토에는 부식토, 식물 뿌리 등 유기물이 많이 함유되어 있기 때문이다. 만약 표토를 건축 재료로 사용하면 견고함이 저하될 수 있다. 또한 표토에 섞여 있던 식물이 죽지 않고 생장해 건축물의 벽에 자리 잡을 수도 있다. 이런 우려를 간과한 채 표토를 사용할 경우 건물의 안전에 문제가 발생할지 모른다. 따라서 건축 재료용 흙을 얻기 위해서는 좀 더 깊이 땅을 파야 한다. 깊은 곳에서 퍼낸 흙에는 유기물이 적게 함유된 대신 광물질은 많이 포함되어 있다. 이러한 흙은 건축 재료로서 안정성과 견고함을 확보한다.

흙은 어떻게 생성되는가?

지구의 토양은 다양한 두께의 수없이 많은 수평 층이 쌓여 이루어져 있다. 아래 그림은 이러한 층을 단순화해 표현한 땅의 수직 단면도이다. 토양의 수직적 분포를 가장 단순화해 보면, 모암 위에 쌓인 3개 층(아래 그림의 A, B, C층)을 상정할 수 있다. A층은 광물과 유기물이 혼합된 표토로, 일반적으로 얇은 층을 형성하고 있다. 색상은 암갈색의 진한 색을 띠는데, 이는 흙 속에 포함된 식물성 및 동물성 유기질 때문이다. B층이

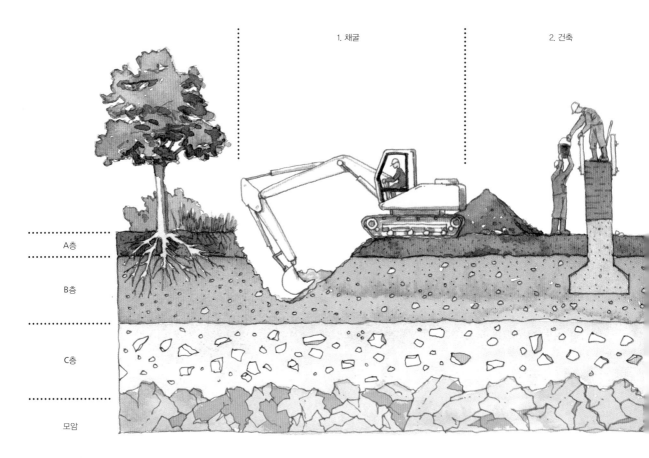

1. 채굴

2. 건축

A층

B층

C층

모암

바로 건축에 사용할 수 있는 흙이다. 암석과 흙의 중간 단계에 있는 C층은 풍화석이라고도 부른다. 사실 흙은 땅속 깊숙이 자리 잡고 있는 모암이 풍화와 변성을 거치며 발생한 것이다. 지표 근처에 존재하는 암석의 일부는 물리적, 화학적, 생물학적 원인에 의해 자연스럽게 흙으로 변화해간다. 한마디로 흙은 수천 년 동안 암석이 풍화한 결과물인 셈이다.

침식과 화재 걱정 없는 재료

녹슨 금속, 썩은 나무, 돌, 시멘트는 화학적인 침식을 받는다. 모든 건축 재료는 시간이 흐르면 변화한다. 하지만 흙은 다른 재료들과 다르다. 이미 풍화가 완료된 상태라서 더 이상 침식되지 않는다. 물의 영향으로부터 확실히 보호받을 수만 있다면, 흙은 다른 어떤 재료보다 내구성이 뛰어나다고 할 수 있다. 또한 자연 상태의 흙은 불로 구우면 더욱 견고해지는 특성을 지닌다. 따라서 흙은 화재를 걱정하지 않아도 된다.

재활용이 가능한 재료

흙의 가장 큰 장점은 재활용이 가능하다는 점이다. 유기질의 표토(A층)를 모두 걷어내면, 소성 없이 화학적 변화가 일어나지 않은 자연 상태 그대로인 B층의 흙을 얻을 수 있다. 이 흙으로 지은 건축물은 해체한 뒤에도 자연 상태의 흙의 성질을 유지한다. 따라서 새로 짓는 흙건축물의 재료로 재사용하거나 자연으로 되돌아갈 수 있다.

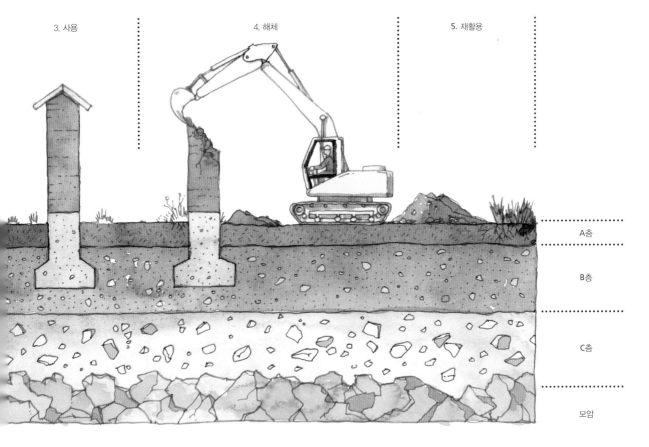

3. 사용   4. 해체   5. 재활용

A층

B층

C층

모암

알갱이로 구성된 흙

입자의 분류

흙은 여러 크기의 구성물 입자가 혼합되어 있다.(실험 1 참조) 흙의 구성물은 크기에 따라 다른 명칭을 가지고 있다. 가장 큰 입자에서 가장 작은 입자까지의 일반적인 분류는 다음과 같다.

	입자의 크기
큰 자갈	20cm ~ 2cm
작은 자갈	2cm ~ 2mm
모래	2mm ~ 0.06mm
실트	0.06mm ~ 0.002mm
점토	0.002mm 이하

일반인들은 흙이라고 하면 흔히 점토를 떠올리는데, 점토는 흙을 구성하는 다양한 크기의 입자들 중 가장 적은 부분을 차지할 뿐이다. 오히려 흙은 매우 다양한 크기의 입자들을 함유한 모래에 가깝다.

흙이 포함하고 있는 큰 자갈, 작은 자갈, 모래, 실트, 점토의 비율은 흙을 채취한 곳마다 각기 다르다. 어떤 흙건축 기술을 채택하느냐에 따라, 거기 사용하는 흙의 입자 구성 비율도 달라진다. 예를 들어, 흙다짐 공법으로 건물을 지을 때는 자갈이 많이 들어간 흙을 사용하는 식이다.

입자의 크기

큰 자갈, 작은 자갈, 모래, 실트는 본래 암석이 풍화해 나온 파편들이다. 이것들은 생성 후 지나온 시간에 따라 각진 형태에서 구형에 가까운 것까지 다양한 형태를 띤다. 구성물 입자들은 크기에 따라 구별된다. 예를 들어, 실트는 매우 작은 모래다.

점토의 특별한 성질

점토는 다른 구성물들과 뚜렷이 구별된다. 점토의 입자는 매우 작아 육안으로 식별할 수 없다. 이것은 접착제와 같은 역할을 하며, 물과 혼합되면 균일한 색상의 반죽 형태를 띤다. 점토처럼 접착력이 있는 재료는 콜로이드라고 부른다. 콜로이드Colloid는 '접착제(아교)'를 뜻하는 그리스어 'kolla'와 '종류'를 뜻하는 'eidos'의 합성어로, 직역하면 '접착제의 한 종류'다. 콜로이드는 매우 작은 입자들로 구성되어 있다. 정밀한 현미경으로 입자들을 관찰해보면, 점토는 흙의 다른 구성물 입자들과는 상이한 형태를 띠고 있음을 알 수 있다. 점토 입자는 극히 얇고 평평한 판 형태이다.

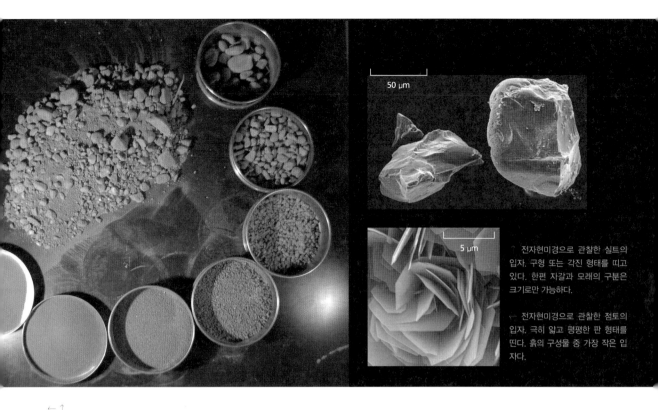

50 μm

5 μm

↑ 전자현미경으로 관찰한 실트의
입자. 구형 또는 각진 형태를 띠고
있다. 한편 자갈과 모래의 구분은
크기로만 가능하다.

← 전자현미경으로 관찰한 점토의
입자. 극히 얇고 평평한 판 형태를
띤다. 흙의 구성물 중 가장 작은 입
자다.

← ↑
실험 1
체를 통해 흙의 구성물을 분리할 수 있다. 구성물은 입자 크기에
따라 큰 자갈, 작은 자갈, 모래, 실트, 점토의 5단계로 구분한다.

이러한 특징으로 인해 점토는 흙을 구성하는 다른 입
자들을 서로 부착해주는 특별한 성질을 갖는다. 시멘
트가 콘크리트의 접착제 역할을 하는 것처럼, 점토
는 흙의 다른 입자들 사이에서 접착제 역할을 한다.
큰 자갈, 작은 자갈, 모래, 실트는 흙의 입자 골격을
구성한다. 흙의 골격은 재료의 물리적 강도를 결정한
다. 흙으로 된 양호한 품질의 건설 재료를 생산하기
위해서는 입자 재료의 골격 구성도, 점토의 접착제
역할도 중요하다.

흙과 건축 기술

❶ 흙다짐 공법의 흙

흙다짐 공법의 흙에는 큰 자갈, 작은 자갈, 모래, 실트 등이 적절한 비율로 섞여 있다. 점토가 충분히 함유되어 결합력을 확보할 수 있고, 그 밖의 다른 구성물 입자들도 충분히 섞여 있어 건물이 단단해지고 균열이 발생하지 않는다. 단단한 천연 콘크리트를 이루는 셈이다.

❷ 흙벽돌 공법의 흙

흙벽돌 공법의 흙에는 큰 자갈과 작은 자갈이 적게 포함되어 있어 손으로 반죽하고 작업하기에 용이하다. 또한 모래 비율은 가소성 상태에서 작업할 때 균열 없는 재료로 만들기에 충분하다. 흙벽돌을 만드는 데 매우 이상적이다.

❸ 흙심벽 공법의 흙

이 흙의 입자는 매우 곱다. 여기에는 자갈이 거의 들어 있지 않으며, 모래의 비율도 적다. 따라서 점착력은 우수하나 건조할 때 균열이 발생한다. 균열이 발생하지 않게 하려면 짚이나 모래를 혼합해 사용해야 한다. 이 흙은 보통 목구조의 심벽에 흙을 채워 넣는 흙심벽 공법에 사용된다.

❹ 흙미장 공법의 흙

이 흙에는 자갈류는 혼합되어 있지 않고 점토, 실트, 모래가 적절히 혼합되어 있다. 흙미장 공법에서 쓰는 흙의 모래 비율은 흙벽돌의 경우보다 훨씬 중요하다. 이 흙은 많은 물을 혼합해 사용하더라도 균열이 발생하지 않는다. 점착력이 높은 상태에서 작업하는 미장이나 모르타르에 이상적이다.

❺ 건축에서 사용할 수 없는 흙

이 흙은 자갈이나 모래가 전혀 혼합되지 않은 매우 작은 입자들이다. 결합재 역할을 하는 점토의 함유량이 매우 낮아 견고함이 부족하고 부서지기 쉽다. 따라서 이러한 흙은 건축에서 사용할 수 없다.

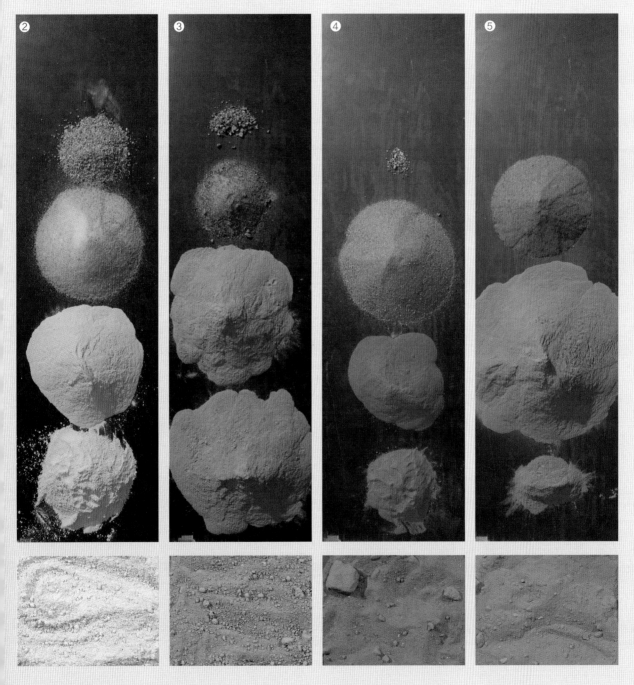

흙의 다양성

여러 가지 흙을 두고, 우리는 '흙재료'라는 하나의 용어로 뭉뚱그려 표현한다.

그러나 그 범주 속에는 다양한 물리·화학적 특성으로 이루어진 재료의 무한성이 숨어 있다.

여기 펼쳐본 것은 자갈, 모래, 실트, 점토 등 각양각색을 띤 다양한 흙 입자들이다.

각각의 흙은 건축에서 다양하게 이용할 수 있다.

흙은 콘크리트다

'콘크리트'의 사전적 의미는 '시멘트에 모래와 자갈, 골재 등을 적당히 섞고
물에 반죽한 혼합물'이다. 즉 콘크리트란 어떤 접합체에 의해 응결된
골재들의 조합으로 만들어진 건축 재료를 뜻한다.
흙 또한 콘크리트의 일종이라 할 수 있다.

암석: 자연석

콘크리트는 수백만 년 전부터 존재했다. 자연이 발
명한 이 천연 콘크리트는 바로 암석이다. 자연이 수
백만 년 동안 끊임없이 입자들을 붙여 만들어낸 것이
다. 지구 표면에 노출된 암석은 점차 풍화해, 그것을
구성하고 있는 입자들로 다시 해체된다. 그리고 이
입자들은 새로운 순환을 시작하는데, 오랜 시간이 지
난 후 천연 콘크리트가 되거나 사람의 손에 의해 인
공적인 콘크리트로 다시 만들어진다.

시멘트 콘크리트: 인조석

시멘트 콘크리트를 사용해 건물을 지을 때, 인간은
수천 년에 걸쳐 순환해온 자연의 작용을 단시간 안에
급격히 가속해 수행하는 셈이다. 시멘트 콘크리트는
단 몇 분 만에 인공 암석이 되기 때문이다. 이런 성능
을 발휘하려면 석회석과 점토질 원료를 혼합해 높은
온도에서 소성해야 한다. 이렇게 얻어진 물질은 분말
형태로 미분쇄하는데, 이것은 영국 포틀랜드 섬에 있
는 천연석의 회색빛과 비슷하다 하여 포틀랜드 시멘
트라 부른다. 시멘트는 물과 접촉하면 모래와 자갈
등과 응결하고 경화할 수 있는 반죽 상태가 된다.

← → 흙다짐 공법은 흙을 액체처럼 거푸집
안에 부어 넣고 다져서 단단하게 만드는 기술
이다. 그저 다지는 작업만으로도 흙을 단단하
게 만들 수 있고, 곧바로 거푸집을 해체할 수
있다.

흙벽: 흙 콘크리트

자연은 암석을 풍화시키고 대단히 작은 점토 입자들을 운반해 우리에게 소중한 선물을 선사한다. 사실, 점토를 시멘트로 만들기 위해 높은 온도로 소성하는 것은 쓸데없는 일이다. 흙은 점토로 모래나 자갈 등의 다른 입자들을 응결시킬 수 있어 곧바로 사용이 가능한 천연 콘크리트이기 때문이다. 이러한 재료적 성분으로부터 크고 높은 건축물을 지을 수 있는 견고한 재료가 얻어진다.

흐르는 돌

1820년 프랑스 그르노블 지방에서 시멘트 콘크리트를 처음으로 사용한 사람들은 이 재료에 매료되었다. 이것을 사용하면 복잡한 형태의 인조석을 만들 수 있어, 부자들이 집 외관을 치장하는 용도로 사용했다. 시멘트 콘크리트에는 특별한 성능이 있다는 점을 잘 알아야 한다. 상온의 유동 상태에서 단단히 굳힐 수 있는 혼합물을 만들려면 시멘트 분말에 물을 첨가하기만 하면 된다. 사실상 '흐르는 돌'이다. 이 놀라운 과정은 흙에서도 유효하다. 흙벽돌은 단순히 건조하는 것만으로도 유동 상태에서 단단한 상태로 바뀐다. 흙다짐 공법도 간단하다. 봄철에 땅에서 적절한 수분

을 함유하고 있는 흙을 추출한 뒤, 물을 첨가하지 않은 채 거푸집에 부어 넣은 후 다진다. 그러면 단단하고 강도가 높은 재료를 얻을 수 있다.

입자 재료들

습윤 상태의 흙과 이것을 거푸집 안에 넣고 다진 흙다짐 벽 사이의 물 함량은 동일하다. 하지만 흙은 유동 상태 때와 동일한 방식으로 양동이에 채워진 후 거푸집 안으로 옮겨져 견고한 벽을 형성하게 된다. 차례대로 나타나는 이 2단계 특성은 콘크리트에서도 확인할 수 있다. 이것은 입자 재료이기 때문이다. 입자 재료들은 건조한 모래 입자와 같이 액체와 고체 운동을 한다. 모래는 담겨 있는 용기의 형태를 취하고 액체처럼 흐르기도 하고 무거운 무게를 견디기도 한다.(실험 2 참조) 이것은 건축가들이 흙이나 다른 콘크리트 재료로 건설할 때 이용해야 할 입자들의 기본적인 성질이다.

입자들, 물과 공기

입자들 사이의 공극

입자들이 왜 다른 반응을 나타내는지를 알기 위해서는, 우선 입자들이 완전히 밀집한 상태가 아니라는 사실을 이해해야 한다. 입자 재료들 사이에는 공극이 존재한다는 뜻이다. 입자와 입자 사이의 빈틈이 차지하는 비율을 공극률이라 하는데, 흙의 경우 이 공극은 일반적으로 단일 혹은 연속된 공기나 수분으로 이루어져 있다. 건조한 흙벽(사실 수분은 완전히 사라지지는 않는다)에는 항상 공극이 존재한다. 다른 입자 재료들처럼 모래 입자도 상대적으로 공기의 양이 중요할 수 있다.

재료의 3상 구조

입자들 사이의 공극에는 물이나 공기가 있고, 혹은 두 가지가 동시에 존재할 수도 있다. 그러므로 흙은 고상(고체), 액상(액체), 기상(기체)으로 구성된다. 액체(물)와 기체(공기) 상태의 비율은 고체 상태에 비해 재료의 특성에 의해 결정된다. 이 비율이 재료에 미치는 영향에 대해서는 아래 표를 참고하면 된다. 이 실험의 명칭은 '카라자스Carazas 테스트'로, 실험 방식을 고안해 낸 건축가 윌프레도 카라자스 아이도Wilfredo Carazas-Aedo의 이름에서 따왔다. 흙 블록의 수분 상태(건조, 습윤, 소성, 점착, 액상)를 다르게 해 사각의 틀 안에 채워넣는다. 그리고 공극과 관련해, 사각 틀 안의 흙을 채우기, 누르기, 다지기 세 가지 방식을 이용해 밀도를 달리하여 채워넣는다. 이러한 변수에 따라

'카라자스 테스트'라 불리는 이 실험은 주어진 흙의 건조, 습윤, 소성, 점착, 액상 상태를 얻기 위한 수분의 양을 보여준다. 예를 들어 흙다짐이나 압축흙벽돌 공법에는 '습윤 상태+다지기'를, 보주bauge와 심벽, 흙벽돌 공법에는 '소성 상태+채우기'를 적용할 수 있다. 모르타르와 미장에는 점착이나 액상 상태로 사용한다. 만약 건조 과정에서 균열이 발생하면, 예를 들어 점토질 흙의 경우 첨가제 없이 사용해서는 안 된다.

흙 1: 모래 흙

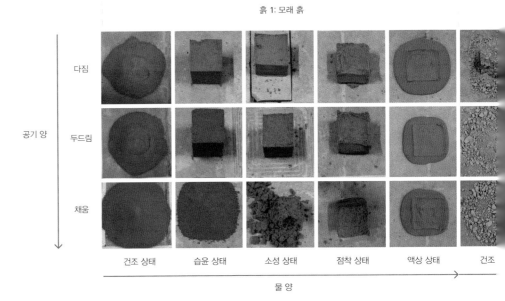

공기 양 ↓

다짐 / 두드림 / 채움

건조 상태　습윤 상태　소성 상태　점착 상태　액상 상태　건조

물 양 →

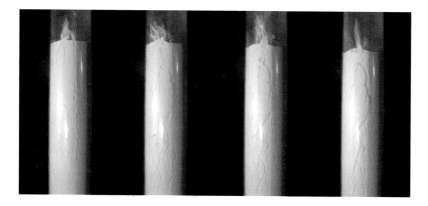

↑ →
실험 3
입자 재료들은 입자들로만 구성되지는 않고, 거기에는 항상 기체(공기)가 포함되어 있다. 플라스틱 관에 실트를 채워넣고 수직으로 떨어뜨린 순간, 기포가 빠져나와 표면에 분말의 작은 분출이 형성된다. 분출 현상이 멈추기 전에 플라스틱 관을 수차례 때리면, 플라스틱 관 안쪽 벽에 강의 물줄기 혹은 나무 형상이 생기는 것을 볼 수 있다. 공기가 빠져나오면서 만든 흔적이다.

흙은 점착력이 없는 분말, 응집력 있는 블록, 흙반죽, 진흙 등과 같은 다양한 상태를 띤다. 따라서 흙을 이해하기 위해서는 흙의 고체, 액체, 기체 상태 사이의 상호작용을 이해하고 있어야 한다.

흙 2 : 점토 흙   흙 3 : 균등한 흙

| 윤 상태 | 소성 상태 | 점착 상태 | 액상 상태 | 건조 상태 | 습윤 상태 | 소성 상태 | 점착 상태 | 액상 상태 |

물 양   물 양

모래의 물리적 특성

흙에는 매우 다양한 입자들이 혼합되어 있다.
이는 모든 복잡함의 원인이다. 이것을 이해하기 위해 이 재료를 단순화해보자.
우선 건조한 모래가 우리에게 가르쳐 주는 것,
다시 말해 모래의 물리적 특성에 대해 살펴보자.
결국 흙은 다양한 입자들로 구성되어 있는 모래로 이해할 수 있다.

건조한 모래의 시스템 모델은 지난 20년 동안 수많은 연구 주제 중 하나였다.
게다가 흙에는 모래가 풍부하다. 다양한 실험으로 알게 된
건조 입자들의 물리적 특성을 통해, 흙건축의 수많은 측면과
콘크리트의 일반적인 특성을 명확히 해주는 현상들을 이해해보자.

공극 충전

어떤 재료든 약한 부분에는 공극이 항상 존재한다. 흙도 이러한 규칙에서
벗어나지 못한다. 공극의 비율은 재료에 혼합되어 있는 서로 다른 크기의
입자 분포에 가장 크게 영향 받는다. 연구자들은 시멘트 콘크리트의 공극을
극도로 줄이면 철과 같은 강도를 발현할 수 있다는 기본적인 원리를 알고 있다.

자연 상태의 흙은 약 50% 이상이 공극으로 구성되어
있다. 이 흙 속의 입자들은 분말이고 부드러우며 응
집력이 없는 상태다. 이를 거푸집 안에 부어 넣고 다
지면 공극은 30% 정도로 줄어든다. 견고하고 부착력
있는 재료로 변모하는 것이다. 이로써 입자들 사이의
공극은 줄고 강도는 증가한다. 이를 어떻게 이해하면
좋을까?

1+1=2가 항상 옳지는 않다

어떤 부피의 골재와 또 다른 부피의 모래를 혼합해보
자. 1+1=2라는 아주 간단한 수학 방정식이 성립하지
않는 경우를 맞닥뜨리게 될 것이다.(실험 1 참조) 두 재
료의 혼합물은 각 재료가 따로 담겨 있을 때의 부피
보다 작은 부피를 갖는다. 골재 사이의 공극에 모래
입자가 채워지기 때문이다.(실험 2 참조) 큰 입자와 작
은 입자가 최대 밀도가 되게 하는 최적 비율이 존재
한다. 골재와 모래의 최적 비율은 두 재료를 다양하
게 혼합해 무게를 측정하여 찾을 수 있다. 가장 큰 밀

도는 약 70%의 골재와 30%의 모래를 혼합할 때 도달
하게 된다. 그러므로 입자 재료의 밀도를 높이기 위
해서는 다양한 크기의 입자를 사용해 각각 입자가 이
상적인 비율이 되도록 구성해야 한다.

최밀 충전

골재 입자들 사이에 모래를 채워 넣은 뒤에도 공극은
여전히 남는다. 작은 입자들 사이에 그보다 더 작은
입자를 채워 넣어야 남은 공극을 줄일 수 있다. 그렇
다면 이 과정을 무한정 반복해서 점점 더 작은 입자
들로 공극을 채워간다면 공극이 전혀 존재하지 않는
상태의 재료를 얻을 수 있을까? 기하학적인 관점에서
이 문제를 살펴보자. 일정한 공간을 원으로 채우려면
어떻게 해야 할까? 최적의 수학적 해결 방법으로, 네
개의 원 사이의 각각의 틈에 이 네 개의 원에 접하는
새로운 원을 채워 넣는 아폴로니안 개스킷Apollonian
gasket이 있다. 이 원리는 최대 밀도에 도달하기 위해
끝없이 되풀이된다. 아폴로니안 개스킷은 프랙털 구

실험 1
같은 부피의 두 용기를 준비해 한쪽에는 골재를, 다른 한 쪽에는 모래를 부어 넣는다. 그리고 이 두 재료를 혼합한 다음, 다시 두 용기에 나눠 채운다. 이전보다 훨씬 치밀해 진 밀도로 인해, 앞서 골재와 모래가 각각 담겨 있을 때보 다 총 부피가 줄어들었음을 확인할 수 있다. 흙 입자들의 혼합에서는 '1+1=2'의 공식이 참이 아닌 셈이다.

실험 2
투명한 사각 틀 안에 골재를 채워 넣고 입자가 고운 흰 모래를 부으면, 모래는 골재 사이의 공극을 점점 채워간다. 이 실험은 다양한 크기의 입자들의 혼합이 단일한 크기의 입자들로 구성된 재료보다 높은 밀도를 갖는 이유를 설명해준다.

조의 놀라운 특성을 지닌, 수학적으로 아름다운 상태다. 이는 기원전 3세기경에 수학자 아폴로니오스가 제안한 것으로, 지금도 중요하게 적용되고 있다. 아폴로니안 개스킷을 적용하면 보다 높은 강도의 콘크리트를 구현할 수 있다. 현재 쓰이는 콘크리트의 공극률이 10~20%인 데 비해, 그리스 학자들이 개발한 고성능 재료의 공극률은 1~2%에 불과하다. 한편 강도는 20MPa에서 200MPa로 현저히 증가한다.

유동화 콘크리트

최밀 충전最密充塡 연구는 타설할 때 가능한 유동성이 좋아야 하는 콘크리트 작업에서도 필요하다. 하지만 작업의 용이성과 재료의 밀도 사이에서 절충점을 찾아, '공극이 있는' 충전 모델이 되기 위해 아폴로니안 개스킷과 구분이 필요하다. 이러한 공간 충전은 구형들이 서로 닿지 않으면서 공간을 채우는데, 남은 공극을 최소화하고자 아폴로니안 개스킷처럼 구형들은 계속 작아진다. 이러한 방식 덕택에 입자는 보다 쉽게

철과 같은 강도를 가진 콘크리트

프랑스 에로(Herault) 주의 지낙(Gignac)에 있는 악마의 다리 근처 천사의 육교. 건축가 루디 리치오티(Rudy Ricciotti)와 엔지니어 로맹 리치오티(Romain Ricciotti)의 초고성능 파이버 콘크리트 구조물이다. 69m 길이로, 거대한 철 장선으로 연결되었다. 일반적인 콘크리트의 공극이 10%인데 비해, 이 콘크리트의 공극은 2% 정도에 불과하다. 철의 특성에 근접한 공학적 특성을 지닌 셈이다. 이상적인 기하학적 공극 충전 모델을 부분적으로 나마 적용해 가능해진 사례다.

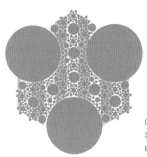

이 공간 충전 모델은 콘크리트가 가장 유동적인 상태인 타설 직후의 모습을 나타낸다.

이동이 가능하고, 이로써 작업할 때 좀 더 유동성 있는 재료의 형태를 띠게 된다. 따라서 물을 투입하지 않고도 보다 용이한 작업이 가능하다. 이렇듯 공극 충전은 고유동 콘크리트의 주요 열쇠다. 이러한 원리로 인해, 적은 양의 물로도 콘크리트는 완벽히 퍼지고 자동적으로 수평 표면이 완성된다. 보통 콘크리트 안에 유동성 향상을 위해 넣은 물이 너무 많으면 건조 과정에서 수분이 증발하고 공극이 남게 된다. 따

라서 고유동 콘크리트는 유동성이 뛰어나야 하는 것만큼이나, 보다 높은 강도를 얻기 위해 높은 밀도를 유지해야 한다.

실리카퓸

최밀 충전 이외에 주목할 만한 연구 분야가 있다. 미세한 공극을 채우기 위한 가능한 한 작은 입자 이용에 관한 것으로, 실리카퓸silica fume이 그 주인공이다. 실리카퓸의 입자는 1㎛보다 작고 상대적으로 비균질한 특성을 갖는다. 고성능 콘크리트를 만들기 위한 이 물질의 사용은 혁신적인 결과를 가져왔다. 이 입자들은 보통 콘크리트에 있는 다양한 크기의 미세 공극을 충전하기에 이상적이며, 이로써 강도를 높여준다.

흙

앞서 소개한 대로, 흙은 모래나 골재 같은 매우 다양한 입자로 구성되어 있다. 이는 건축에 흙을 적용하고 개발하기 위한 기본적인 지식이다. 최밀 충전에 관한 고려를 차치하고, 세립자들은 치밀한 입자 구조를 구축하며 배열되어 있다. 예를 들어, 프랑스 북부 이제르 지방의 흙다짐 공법에 사용되는 흙은 10cm 크기의 자갈에서부터 마이크로미터 크기의 점토 입자들까지 다양하게 구성되어 있다. 이처럼 흙은 건축에 적합하도록 입자들이 잘 혼합된 훌륭한 건축 재료이자, 즉시 사용할 수 있는 천연 콘크리트이다.

물과 같은 유동화 콘크리트

평형과 충전이 자동으로 이루어지는 콘크리트에는 많은 양의 물이 필요하지 않다. 이 콘크리트는 타설하면 스스로 수평을 잡는다. 이러한 유동성은 공간 충전처럼 이상적인 기하학 모델의 적용에서 비롯한다.

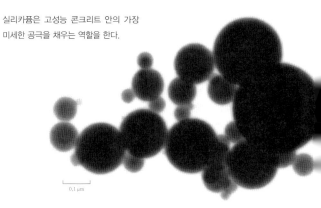

실리카퓸은 고성능 콘크리트 안의 가장 미세한 공극을 채우는 역할을 한다.

0.1 ㎛

입자 충전과 흙건축

새로운 콘크리트를 연구하는 연구자들은 입자 충전 원리에 대해 매우 정확한 지식을 가지고 있다. 그들은 밀도 높고 유동성이 뛰어나고 자동 수평 기능이 있는 고성능 콘크리트를 만들기 위해, 재료에 포함된 입자들의 혼합 비율을 변화한다. 같은 방식으로, 흙의 경우에도 입자를 분류해 모래나 골재를 첨가하거나 빼내면서 새로운 특성의 재료를 만들어낸다.

그림 1과 5의 흙재료는 미장이나 모르타르와 같은 점착력을 보인다. 그러나 침하하지 않는 재료들을 이용해야 수직 벽체를 건설할 수 있다. 이를 위해서는 천연 흙에 포함된 실트 함량을 줄이고 골재는 첨가해 입자 충전 상태를 변경하면 된다. 이것만으로도 자동 수평 콘크리트와 동일해질 수 있다. 침하가 없는 완벽한 흙 콘크리트이다. 전통적인 흙미장이나 모르타르에서 3cm의 두께의 침하가 발생하는 데 비해, 극도의 점착력을 지닌 이 재료를 이용할 경우 균열이나 침하 없이 15cm 깊이의 구멍을 막는 복원이 가능하다.

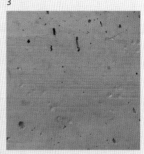

또한 콘크리트와 같은 타설 흙벽도 가능하다.(그림 2, 3, 4) 건조수축균열이 없는 거대한 흙타설 벽의 실현은 놀라운 일이다. 최밀 충전 모델에 접근하도록 한 이 기술은, 모래와 골재를 이용해 자연 상태 흙의 입도분포를 완벽하게 한다. 이것은 최소의 수량으로 건조수축균열 없이 콘크리트와 같은 유동성을 지닐 수 있다.

마찰하는 입자들

흙은 다양한 응력으로 연결된 입자들로 구성되어 있다.
더욱 견고한 재료를 얻기 위해 공극을 채우는 것은 곧 모든 입자의
접촉면이 늘어난다는 것이다. 하지만 두 입자가 서로 닿아 있을 때
이 접촉을 연결하는 힘과 이 집합 구조체를 고정하는 힘은 무엇인가?
먼저 흙보다 단순한 건조한 모래부터 관찰해보자.
모래 조직에는 마찰력이 존재하며, 이 마찰력이 모래의 자연적 기울기를 결정한다.

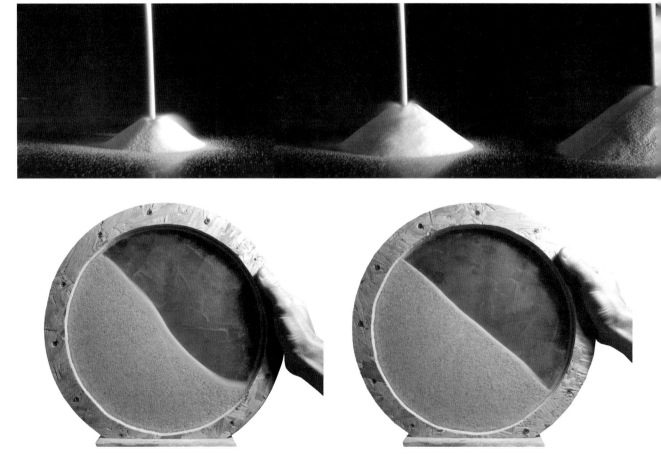

휴식각과 사태각

모래 무더기를 움직이는 몇 가지 요소가 있다. 안정과 불안정의 단계로 흐름이 끊임없이 이어지는 모래 표면의 불안정한 균형을 자세히 관찰해보면 모래의 균형 상태를 이해할 수 있다. 기울기가 매우 커지면 입자들은 그 각도에서 다시 자리를 잡아 모래 무더기는 거의 완벽한 회전원추형이 된다. 모래 무더기의 비율을 확대해서 측정해보면 기울기는 대체로 일정하다. 모래 표면과 수평면이 이루는 각은 휴식각이라 부르며, 휴식각은 움직이는 입자들의 특성이다. 실험을 다시 해도 항상 같은 휴식각이 나타날 것이다. 불안정한 모래의 기울기 각도는 사태각이라 부른다. 사태각은 휴식각보다 2° 정도 더 크다.

마찰력

모래 무더기의 기울기는 그것을 구성하는 입자들에 따라 다르다. 기울기는 입자들의 크기, 표면 상태, 모양, 각도 혹은 비중에 따라 다양하다. 예를 들면 유리구슬의 휴식각은 동그란 모래 입자들의 휴식각보다 작다. 또한 각진 입자들의 휴식각보다도 작다.

입자들이 매끈매끈하고 둥글수록 마찰력이 적고 휴식각은 더 작아진다. 만약 입자들 사이에 어떤 마찰력도 존재하지 않는다면 액체와 같이 수평 상태가 될 것이다. 그래서 휴식각은 마찰각이라고도 한다.

←
실험 1
흐르는 모래에서 기울기는 항상 일정하다. 이 기울기가 수평면과 형성하는 각도를 휴식각이라 부른다. 모래 표면의 입자들은 일시적인 안정 상태에 있다. 그리고 규칙적인 간격으로 산사태를 일으킨다.

←
실험 2
모래의 불안정한 기울기 각도를 사태각이라고 한다. 원형체를 기울여 모래 더미가 무너져 흘러내리게 되면 모래는 휴식각을 다시 형성한다.

↑
실험 3
구성 입자들에 따라 기울기는 달라진다. 유리구슬의 휴식각은 같은 크기의 둥근 모래 입자보다 작고, 이것은 각진 입자들의 휴식각보다 작다.

모래의 현상

건조한 모래는 상대적으로 30도에 가까운 일정한 경
사를 유지한다. 이 일정한 경사는 모래의 평형 상태
를 잘 설명해준다. 예를 들면 진동이 있는 수평판 위
에 펼쳐진 가는 모래는 화려한 형태로 다시 모이고,
현상이 혼동될 만큼 돌출된 형태를 보인다. 오랜 시
간 동안 이 현상은 현대 물리학에서 풀기 어려운 문
제로 남아 있다. 연구자들은 진동이 어떻게 복잡한
형태의 원인이 되는지 아직 풀지 못하고 있다. 사실
모래가 화려한 형태로 다시 모이는 것은 직접적인 진
동 때문이 아니다. 이 현상을 이해하기 위해서는 작
은 모래 언덕을 생각해보면 된다. 충격을 주는 순간
이 모래는 수평판에서 떨어지고, 모래와 수평판 사이
에는 얇은 공기층이 생긴다. 모래가 다시 수평판 위
에 떨어졌을 때 모래는 공기층을 압박하고, 입자들
사이를 가로지르는 공기를 구속하게 된다. 공기는 작
은 모래 언덕의 측면으로 떨어진 입자들을 밀어낸다.

실험 4
화산 효과는 진동을 받은 가는 모래가 수평판
위에 펼치는 놀라운 반응이다. 모래는 휴식각
에 의해 자연스러운 구조를 이룬다.

이 입자들은 휴식각에 도달할 때까지 점점 더 늘어난
다. 이때 가장 쉽게 분출하는 입자들은 모래 언덕의
가장 위에 위치한 모래들이다. 측면 입자들은 아래에
위치한 입자들의 무게에 의해 정지 상태로 남아 있게
된다. 수평판이 진동함에 따라 모래 더미에서는 가장
자리에서 중심으로 입자들을 이동해 높은 곳의 중심
분출구로 분출하려는 대류 움직임이 발생한다. 이 현
상을 화산 효과라고 한다. 이것은 복잡한 돌출 현상
이 휴식각을 통해 구조를 이루려는 원리에 의한 것이
다. 모래의 표면은 자연경관의 한 장면처럼 다양한
형태를 보인다. 돌출 현상은 강의 흐름과 지류, 계곡
의 복잡한 연결을 연상하게 한다. (실험 5)

화산 효과 실험으로 발생한 세 종류의 돌출 현상(실험 4). 결과는 놀랄 만큼 다양한 형태들을 보인다. 이 세 가지 형태의 공통점은 무엇일까? 그것은 수학적으로 규칙적인 표면과 일정한 경사각이다. 이러한 결과는 회전원추형이나 피라미드와 같이 수평선에 대해 정확한 각도로 기울어진 일직선 교차에 의해 발생한다.

꾸불꾸불하고 긴 모래 언덕의 형태는 휴식각에 의해 구조를 이룬다. 이는 복잡한 표면이 일정한 경사를 이루는 좋은 사례다.

실험 5

용기 바닥에 꾸불꾸불한 선형의 구멍이 있다. 그 구멍 아래에 있는 판으로 모래를 채울 수 있다. 이후 구멍을 통해 모래가 흐를 수 있게 한다. 그 결과 마치 계곡 밑에 흐르는 강처럼 움푹 파인 돌출이 만들어진다.

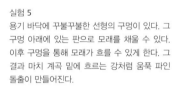

섞이지 않는 입자

현장에서 양호한 품질의 흙재료를 얻기 위해서는 다양한 입자들을
균질한 상태가 되도록 혼합하는 것이 중요하다. 하지만 움직이기 시작하면
흙 입자들은 자연적으로 크기별로 분류된다. 이 입자 분리는 마찰력과 관련이 있고,
흘러내리는 각도는 입자 크기에 따라 다양하다.

실험 1
몇 개의 칸으로 이루어진 실험 받침대 위에 왼
쪽에서 오른쪽으로 입자의 크기가 점점 작아지
게 입자들을 배치한다. 그리고 받침대를 기울이
면 골재 입자들을 시작으로 마지막에는 실트 입
자들이 흘러내린다. 사태각은 입자들이 작아질
수록 커진다.

트럭이 흙을 땅 위로 쏟아 부을 때 왜 굵은 입자는 밑
으로 가고 작은 입자들은 위에 남아 있을까? 앞서 큰
자갈, 작은 자갈, 실트, 점토 등 각각의 비율에 따라
흙재료의 공학적 강도가 다르다는 것을 알아보았다.
만약 입자들이 골고루 섞이지 않고 크기별로 분류된
다면 자갈과 골재가 풍부한 부분은 강도가 약하고,
점토가 많은 부분은 균열이 발생할 것이다. 그렇다면
이런 부분 혼합 현상의 원인은 무엇인가?

다양한 흘러내림 각도
다양한 크기의 입자들은 흘러내리는 각도가 각각 다
르다. 입자들이 가늘수록 이 각은 더 커진다.(실험 1)
이해를 위해 현미경으로 관찰해보자. 경사진 받침대
위에 입자들을 놓았을 때, 거친 받침대로 인한 마찰
은 입자들이 미끄러지는 것을 방해한다. 따라서 입
자 크기에 따른 표면의 거칠기를 생각하면 입자의 크
기가 작을수록 마찰력은 점점 더 커진다는 것을 쉽게

상상할 수 있다. 받침대는 자갈과 만나면 매끄러운
길처럼 작용을 한다. 반면 실트와 만나면 1m 정도 높
이의 돌기로 뒤덮인 검은 길과 같은 작용을 한다.
극도로 미세한 입자들에게는 적은 마찰력도 뛰어
넘을 수 없는 장애물이며, 받침대를 심하게 기울여야
만 이 입자들을 움직일 수 있다. 이처럼 미세 입자들
의 흘러내림 각도는 큰 입자들에 비해 크다. 그러므
로 경사진 면에서 큰 자갈과 작은 자갈은 실트나 점
토 미분에 비해 쉽게 밑으로 흘러내린다.

전나무 실험
땅 위에 흙을 쏟아내는 트럭의 예에서 알 수 있듯이 입
자들은 경사진 면에서 흘러내리지 않고 수평을 유지한
다. 따라서 입자가 충분히 크면 흘러내려갈 것이고, 반
대로 입자가 너무 작다면 정지 상태로 있게 된다. 이러
한 결과는 흰색 모래와 검정색 미분을 혼합해보면 시
각적으로 분명하게 확인할 수 있다.(실험 2) 투명한 실

험 틀에 혼합물을 부으면 처음에는 한 무더기를 이루고, 점차 단면이 전나무 형상을 이루며 검정색 미분은 중앙에 위치하고, 흰색 모래는 바깥쪽으로 흘러가는 것을 볼 수 있다. 산사태가 발생하면 검정색 입자와 흰색 입자의 혼합은 거친 경사면 위에서 오목하게 패이거나 융기를 일으키며 흘러내린다. 산사태의 주기적인 순환 동안 검정색 미분은 경사의 아래까지 흘러내려가지 않고 가늘고 긴 흔적을 만든다.

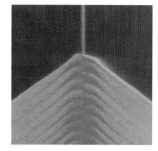
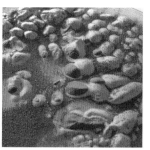

믹서기

믹서기 안에 자갈, 모래와 시멘트 분말과 같은 다양한 크기의 입자들이 건조 상태로 있으면 서로 혼합하는 대신 크기별로 분류된다.(실험 3) 이것을 피하기 위해 약간의 물을 첨가해 혼합하는데, 이는 부착력을 높이고 재료의 분리를 막는 데 매우 중요한 방법이다. 또한 믹서 날개의 작용으로 혼합물은 균일한 재료가 될 것이다.

진동에 의한 재료 분리

진동판 위에 펼쳐진 건조 입자들은 입자 크기에 따라 분류된다.(실험 4) 따라서 흐르는 콘크리트에는 진동을 줄 수 없다. 콘크리트는 재료 분리에 특히 민감하다. 그런데 흙이나 콘크리트 입자들은 트럭에 넣을 때, 반죽이나 믹서기에서 혼합할 때, 경사, 이동, 진동 등 작업할 때마다 다양한 방식으로 움직인다. 이때 재료들의 견고함을 방해하는 재료 분리 현상이 나타나기 쉽다. 따라서 재료 분리 현상을 방지할 수 있는 방법을 찾아야 한다.

흙의 재료 분리

흙은 다양한 크기의 입자들의 혼합이다. 따라서 자연적으로 입자들의 재료 분리 현상이 일어나기 쉽다. 한 무더기 흙의 표면에서 가장 작은 입자들은 위쪽에 머무르는 데 반해 가장 큰 입자들은 아래쪽에 머문다.

물속에서의 분리

흙의 가장 작은 입자는 점토와 실트다. 그것은 너무 작아 체로 분리할 수 없다. 현장이나 연구실에서는 흙의 점토 비율을 측정하기 위해 침강 실험을 통해 점토를 분리한다. 그 결과 흙의 작은 입자들은 물속에 있는 반면, 큰 실트 입자들은 무게로 인해 미세한 점토 입자들보다 급속히 아래로 가라앉는다. 하지만 점토의 표면은 물의 점착력에 의해 오랫동안 정지 상태로 머무르며, 매우 천천히 침전한다. 마지막에 점토는 실트 위에 가라앉는다.

입자 분리

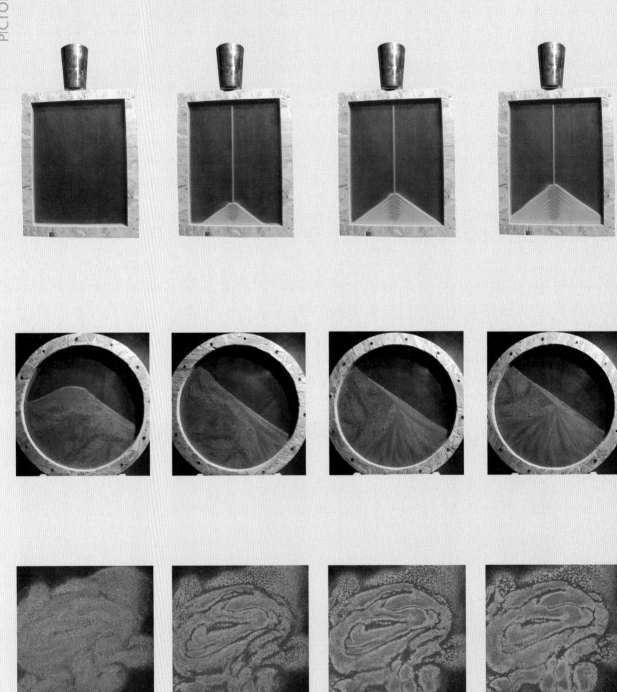

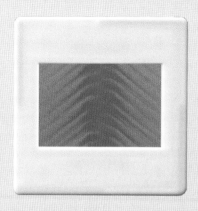

실험 2
구멍이 뚫린 투명한 용기 안으로 검정색 미분과 흰색 모래의 혼합물을 흘려보내면 입자들은 크기별로 분리된다. 가장 큰 입자는 바깥쪽에 위치하고, 실트와 같은 작은 입자들은 중앙에 위치하게 된다. 최종적으로 나타나는 형상은 지층 또는 전나무 형태를 보인다.

실험 3
회전하는 원판형 용기 안에 세 가지 크기의 입자를 혼합해 크기별로 분류하여 나눈다. 가장 작은 입자가 중앙에 남게 되고, 나뭇가지의 별 형상이 그려진다.

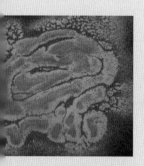
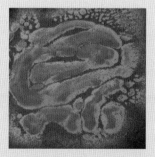

실험 4
다양한 크기의 입자들은 진동에 의해 재료 분리가 발생한다. 특히 '화산 효과'에 민감한 가장 작은 입자들은 중앙에 위치하고, 덜 민감한 가장 큰 입자들(갈색)은 판 위로 튀어오른다.

자연의 입자 분리

입자 분리 현상은 인간들이 다루는 특별한 현상이 아니다.
인간 이전에 지질학 범주에서 자연은 자갈, 골재, 모래, 실트,
점토를 움직인다. 자연은 경사에 의해 입자들을 선택하고,
크기별로 분류한다. 다양한 크기의 흙 입자들은 자연이 만들어낸
결과물이다. 빙하, 흐르는 물, 바람은 미립자들의 이동에 중요한 요인들이다.
이것들을 따라가면 자연적인 재료 분리 현상을 발견할 수 있다.

빙하

빙하에 의한 입자들의 이동은 선택적이면서 천천히 진행된다는 특징이 있다. 그러므로 침전물들, 즉 빙하에 실려 떠내려온 퇴적물은 다양한 크기를 나타낸다. 수십 미터의 퇴석 점토 입자들과 다양한 입도의 모래들이 있다. 퇴적물은 분류가 어렵고, 매우 많이 흐트러진 불균질 퇴적물 유형이다. 빙하퇴적물 풍화의 결과물들은 점토에서 큰 자갈까지 매우 광범위한 크기의 입자 범위를 균형 있게 나타낸다. 그렇게 만들어진 큰 자갈은 체로 걸러내지 않으면 손으로 직접 만드는 벽돌, 심벽, 알매흙과 같은 흙건축 기술에 적용하기 어렵다. 또한 압축흙벽돌의 작은 성형틀에도 큰 자갈은 들어가기 어렵다. 반대로 이런 흙은 훌륭한 흙다짐을 만드는 데 대단히 유용하다. 이것은 즉시 사용할 수 있는 천연 콘크리트다. 프랑스에서는 알프스 지방에서 이러한 종류의 흙다짐을 볼 수 있다. 예를 들어 도피네Dauphiné 지방의 전통 주거지들에는 흙다짐이 광범위하게 존재한다.

흐르는 물

흐르는 물속에서 입자들은 흐르는 힘과 크기에 따라 분류된다. 큰 자갈과 작은 자갈은 강의 밑바닥에 머물러 있고, 실트와 점토는 먼 거리를 이동한다. 이러한 재료들의 분리는 유속이 느린 큰 강기슭에서 넓은 점토 퇴적층을 형성한다. 여기서 얻은 흙은 점토, 실트, 모래의 혼합으로 주로 벽돌을 생산하는 데 사용된다. 이러한 흙은 4대강 유역(나일, 유프라테스, 요르단, 티그리스)의 최초 문명 발상지에서 주로 발견된다. 4대강 유역의 퇴적층은 농경지 개발에 유리한 환경을 만들어 주고, 메소포타미아에서 흙벽돌로 거대한 문명을 만들 수 있는 건축 재료들을 제공했다.

바람

바람은 매우 작은 입자들만 이동시킬 수 있기 때문에 제한적인 이동 방식이다. 그러나 바람은 높고 멀리, 많은 양을 이동시킬 수 있다. 대서양의 사하라에서는 연간 2억 5000만 톤의 모래가 이동한다. 건조하고 황량한 사막 지역에서는 바람이 가는 모래들을 실어가기도 하고 그 자리에 놓아두기도 한다. 사막 표면에 바람이 불 때, 바람은 작은 입자들을 훑고 지나간다. 이러한 바람에 의한 풍식은 돌로 뒤덮인 사막에서 작은 입자들의 일부를 실어간다. 반대로 바람이 입자들을 실어 나른 곳에는 퇴적된 모래가 언덕을 이룬다. 그 결과가 모래사막이다. 이 메커니즘은 모래사막이 특히 가는 모래로 구성된 까닭을 설명해준다. 바람의 마모에 견딜 수 있는 유일한 광물 중 하나인 모래 입

거대한 길이의 빙하는 바위를 깎고 그것들이 지나는 길목의 모든 것을 실어가며 천천히 움직인다.

그랜드캐니언이 있는 콜로라도 강의 갈색 물은 실트질과 점토질의 침전물로 가득 채워져 있다.

이 구름을 이루는 모래 입자는 입자 사이의 충돌로 인한 가스 안의 미세한 움직임과 같이 제한된 궤적을 따라간다. 이러한 반복된 충돌은 입자들의 형태를 무뎌지게 하고 구형으로 만든다.

자의 거의 절대적인 모양이다. 강한 바람이 불 때 모래의 가는 입자들은 대기 중에 떠오르고, 다시 땅 위에 떨어지기도 한다. 또한 유럽까지 수천 킬로미터를 이동하기도 한다. 바람에 의해 이동한 이 작은 입자들은 지질학의 범주에서는 뢰스loess라 부른다. 이 침전물들은 다시 흩어져 수백 제곱킬로미터 내의 몇몇 지역에서 다시 발견된다. 이런 식으로 퍼져나가 침전물들은 사실상 지구상 표면의 10%를 점유하고 있다.

특히 중국의 북서쪽에서는 몇몇 퇴적층의 깊이가 수백 미터에 이르기도 한다. 또한 이 뢰스는 북아메리카와 북유럽에서도 나타난다. 뢰스는 빙하기와 간빙기 동안의 지질 4기에 나무는 없고, 암석 더미들이 거대하게 펼쳐져 있고, 빙하에 실려 내려온 수많은 퇴석이 바람의 활동에 노출되어 있을 때 돌가루들이 큰 표면 위로 분산되면서 만들어졌다. 프랑스 북부는 여전히 뢰스로 덮여 있다. 이 뢰스로 이루어진 매우 가는 흙은 균열을 막기 위해 볏짚과 함께 혼합한 후 목구조의 심벽을 채우는 데 사용된다.

바람은 입자들의 이동에 중요한 요소 중 하나다. 아쿠아 위성이 찍은 이 모래 구름의 사진에서처럼 바람은 가끔 입자들을 매우 높고 멀리 움직여, 때로는 사하라 지방에서 키프로스 섬까지 이동시키기도 한다.

입자 압력의 영향

입자들의 집합체에서 입자들은 접촉과 마찰력에 의해
응력사슬로 전달된다. 몇몇의 경우, 접촉하는 수많은 입자들이
볼트 형태를 형성하기도 하고 물체의 비어 있는 작은 공간을
보호하기도 한다. 따라서 보다 치밀한 입자들의 배치와
압축 형성을 방해한다. 우리는 이러한 현상을 통해,
모래 반죽으로 만든 건물이 어떻게 인간의 무게를
지탱할 수 있는지를 알 수 있다.

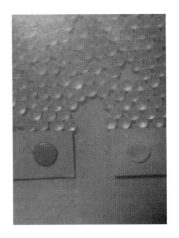

실험 1
유리구슬은 구멍 위에 아치 형태로 정지되어 있다.

볼트 형태를 만드는 입자 집합체

이 투명 실험 상자 안에 있는 유리구슬의 사진에서
입자들은 자연적으로 볼트 형태를 형성하고 있고, 자
신보다 5배나 큰 구멍을 아래에 놓고 입자들을 정지
시켜 놓는다.(실험 1)

흙재료와 콘크리트 재료 내부에는 이 볼트 형태들
이 빈 공간을 형성하고 있고, 압력에 저항하고 있다.
따라서 이러한 안정적인 볼트 형태는 입자들의 치밀
한 구조를 방해한다. 그래서 미끈하고 둥근 골재와
모래는 콘크리트의 강도를 높여주고, 둥근 입자로 구
성된 흙은 다면체의 골재와 모래를 함유한 흙에 비해
보다 쉽게 치밀하게 만들 수 있다.

입자의 정지

볼트 머릿돌 위의 아치 정상에서 작용하는 무게는 각
각 벽돌의 접촉면으로 전달된다. 이런 식으로 수직응

실험 2
위아래가 뚫린 실험 틀에 붉은색 미분을 채워 넣는다. 아래쪽
출구를 열었을 때 미분은 뚫린 출구 위로 아치 모양을 형성한
다. 이 아치들은 마치 대성당처럼 실험 틀 내부에 있는 노란색
의 작은 기둥이 지탱하고 있다. 아치 위에 있는 입자들의 무게
는 입자들을 통해 작은 기둥까지 측면을 따라 내려온다.

실험 3
저울의 받침대 위에 직접 닿지 않도록 저울 위에 실험관을 설치한다. 그리고 실험관 안으로 모래를 조금씩 채워 넣으며 무게의 변화를 살핀다. 잠시 후 저울의 눈금은 움직이지 않고 모래가 채워지는 양에 비해 무게는 더 이상 증가하지 않는다. 입자들이 볼트의 형태를 만들며 실험관 표면에 응력을 가해 무게는 수직으로 더 이상 떨어지지 않고 측면으로 가해지는 것이다.

둥그런 입자가 더 낫다!

흙건축을 하기 위해서는 모래나 자갈이 각진 것 보다는 둥글고 미끄러운 것이 좋다. 빙하나 바람 혹은 물의 흐름에 의해 입자들은 강가의 조약돌처럼 무뎌지고 둥글게 된다. 빙하의 충적토나 풍화에 의한 침전물들은 건축 재료로 아주 좋은 사례다. 이러한 흙들은 다짐이 쉽고 소성 상태일지라도 재료 내부에 공극이 적다. 이것은 시멘트의 콘크리트와 같은 원리다.

입자가 둥글고 면이 미끄러울수록 더 오래된 것이다. 오랜 세월 동안 자연현상으로 인해 반들반들해졌다.

력은 측면으로 비켜나가고 아치를 지탱할 수 있도록 기둥으로 전달된다. 그 결과 응력은 측면으로 밀려난다. 이러한 볼트 효과는 수많은 정지 현상의 원인이기도 하다. 이 방법으로 모래의 무게를 나타낼 수 있는 단순한 조작 방식이 있다. 저울의 받침대 위에 직접 닿지 않도록 실험관을 설치한다.(실험 3) 그리고 실험관 안으로 모래를 조금씩 채워 넣으며 무게의 변화를 살핀다. 처음 실험관 안에 모래를 채워 넣은 후 저울의 눈금은 140g을 가리켰다. 마찬가지로 처음과 같은 양의 모래를 두 번째로 채워 넣었다. 무게는 280g이 아니라 160g을 가리켰다. 세 번째로 모래를 채워 넣은 후 저울의 눈금에는 변화가 없었다. 실험관에 총 2000g의 무게를 채워 넣을 수 있었으나, 저울의 눈금은 정지한 것처럼 더 이상 변하지 않았다.

이유는 간단하다. 실험관 내부에서 입자들은 접촉 사슬을 형성하고 있다. 그래서 입자들에 존재하는 응력은 아래로 전달되지 않고 실험관의 측면 쪽으로 전달되려는 성향이 강하다. 그 결과 모래의 무게는 저울까지 전달되지 않는 것이다. 마찰에 의해 응력은 실험관의 측면으로 비켜나가고 무게의 일부만 전달된다. 그러므로 저울은 실험관의 직경에서 가장 낮은

원형 사일로는 입자들에 의해 초과되는 수평 압력을 견딜 수 있도록 설계되어야 한다.

흙이 액체와 같이 작용한다면, 거푸집은 매우 견고해야 한다. 대체로 입자 재료들은 이런 수평적 구성 요소에는 제한적이다. 그러므로 주어진 높이에 비해 너무 큰 직경의 사일로가 되지 않도록 주의해야 한다.

입자들의 정지 현상을 증명할 수 있는 또 다른 방법은 '볼트 효과'다. 원형 실린더 중앙에 막대기를 넣고 건조한 모래를 채워 넣는다.(실험 4) 이 막대기를 다시 꺼내려고 했을 때, 막대기는 콘크리트 블록 안에 있는 것처럼 고정되어 있다. 실린더와 막대기 사이로 작은 아치가 연속적으로 형성되어 있다. 아치의 두 끝점은 막대기의 외부 표면과 실린더의 내부 표면의 마찰력에 의해 견고하게 고정되어 있다. 막대기를 아래에서 위로 당겼을 때 아치들의 압력에 의해 저항력이 발생한다. 그렇지만 이러한 압력은 다양한 변형 형태가 가능한 입자들에서는 불가능한 것으로 나타났다.

응력사슬

앞서 기술한 볼트와 아치는 입자들 사이의 접촉 연결 형성이 드러나는 부분이다. 이 연결에 의해 입자들 내부의 힘이 전달되고 나누어진다. 응력사슬은 육안으로 볼 수는 없지만, 광탄성 측정이라 불리는 기술을 이용해 구체적으로 확인할 수 있다. 특별한 조명이 설치된 곳에 놓인 광재료들은 강제로 힘을 주었을 때 색상이 변한다.(실험 5) 우리는 그러한 재료들 안에

높이에 위치한 입자들의 무게만을 받는 것이다.

실험관 측면에 대한 입자들의 마찰력은 '볼트 효과'를 증대시킨다. 예를 들어 입자들이 있는 사일로는 수평 방향으로 밀어내는 힘을 견딜 수 있어야 한다. 하지만 액체의 경우에는 중요하지 않다. 왜냐하면 압력은 액체의 모든 높이에서 작용하고, 모든 방향에서 동일한 방식으로 이루어지기 때문이다. 만약

서 평평한 모래 입자들의 형태로 입자들 내부에서 발생하는 현상들을 관찰할 수 있다.

광탄성 측정은 투명 칸막이를 통해 수직 응력이 진행되는 방향을 부분적으로 나타낸다. 이 입자들이 거푸집 안의 콘크리트를 나타낸다고 생각해보면 왜 콘크리트를 채워 넣는데 강한 거푸집을 사용할 수밖에 없는지 이해할 수 있다. 콘크리트 무게의 일부분은 거푸집 안에서 수평으로 작용한다. 즉 측압이 발생한다. 흙다짐 작업을 할 때 흙을 수직으로 내리치는 것은 거푸집 안에서 부분적으로 측압을 유발한다. 따라서 거푸집이 수평 압력을 견디기 위해서는 충분히 견고해야 한다. 수직 다짐 응력은 또한 측면에서 부분적으로 나타난다. 응력사슬은 가장자리에서 사라지기 때문에 밑 부분까지 도달하지 못한다. 그 결과 세련된 다짐층이 발생한다. 만약 흙다짐 두께가 매우 크다면 치밀한 형태를 만들지 못할 것이다.

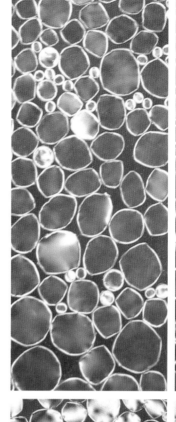
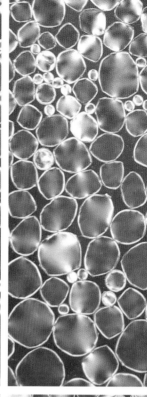
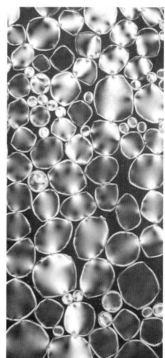

←
실험 4
막대기가 원형 용기 안에 있다. 막대기와 용기 내벽 사이에는 모래가 채워져 있다. 용기 측면을 치면서 가볍게 다진 것이다. 마치 콘크리트에 묻혀 있는 것처럼. 막대기를 다시 빼는 것은 불가능하다.

→
실험 5
입자들의 단면 집합체가 광전기 물체 안의 두 편극 필름 사이에 위치하고 있다. 입자들에 수직 응력을 작용하면 응력사슬은 색상이 변하고 빛을 발하며 진행 방향을 구체적으로 나타낸다.

흙다짐과 응력사슬

흙다짐 공법에서 다짐을 할 때, 수평 응력은 굉장히 중요하다. 거푸집은 이 응력에 견딜 수 있도록 미리 대비해야 한다.

응력사슬이 존재한다는 사실은 다짐의 수직 응력이 바깥쪽으로 비켜 나감을 의미한다. 그러므로 다짐 응력의 일부는 거푸집 안에서 사라진다. 흙다짐 층의 아래쪽은 항상 위쪽에 비해 덜 다져진다. 만약 다짐층이 너무 두꺼우면 다짐을 하기 어려울 수 있다.

그러므로 흙다짐 공법에서 흙다짐 층은 얇게 해야 한다. 거푸집을 탈형하면 수평선의 형태가 나타난다. 아래 그림에서 보이는 것처럼, 위쪽의 다짐층은 대단히 치밀하고 수분이 가득해 밀도가 낮다. 또한 공극이 많은 아래쪽에 비해 색상이 진하다.

견고한 모래 지반은 어떻게 만들까?

훌륭한 흙다짐 벽을 얻기 위해서는 견고한 모래덩어리를 만드
는 방법을 먼저 배워야 한다. 그렇다면 모래덩어리가 무거운
무게를 견딜 수 있게 하려면 어떻게 해야 할까? 방법은 얇은
모래층을 차례대로 다지는 것이다. 이렇게 얻은 모래덩어리는
일반적인 반죽을 통해 얻은 모래덩어리에 비해 6배 정도 더
견고하다.(실험 6) 이것은 흙다짐 건축의 원리와 같다. 다짐층이
얇을수록 재료는 치밀하고 견고해진다.

↑ ↓
실험 6
우선 컵 안에 젖은 모래를 채우고 손으로 다져 넣는
다. 이 모래 덩어리는 500g 이상의 무게를 견디지 못
한다. 두 번째는 작은 다짐봉으로 얇은 모래층을 다
지며 컵 안에 모래를 채워 넣는다. 이 모래 덩어리는
3kg 정도의 무게를 견딜 수 있다.

모래 건축

모래로 벽을 세울 수 있을까? 대답은 '아니다'다. 수평 각도가 30~35° 정도 되는 기울기의 경사로 흘러내리는 건조한 모래로 무언가 건축한다는 것은 무의미한 일이다. 고작해야 수분 함유 상태가 최적이 되게 모래에 물을 첨가해 1.5m 높이의 수직벽 정도를 고려해 볼 수 있다. 그러나 이 벽도 습한 상태로 모래에 점착력을 부여한 물이 증발하면 며칠 내에 무너져버린다. 그렇다면 모래 이외에 다른 재료를 최소로 첨가하고, 부착을 위한 시멘트나 점토 없이 거대한 규모의 구조물을 어떻게 건축할 수 있을까?

중국의 만리장성
옛날 만리장성의 장인들은 수천 킬로미터 길이의 성을 축조하는 과정에서 특별한 문제를 해결해야 했다.(사진 1) 이 성이 가로지르는 지역들은 다양한 환경에 놓여 있었고, 다른 지역의 건축 재료를 추출해 작업 현장까지 수송하는 것도 불가능했다. 지역에서 사용 가능한 재료로 건축을 해야만 했다. 그래서 돌이 있는 지역에서는 돌을 사용했고, 흙이 있는 지역에서는 흙을 사용했다. 하지만 수백 킬로미터 길이의 모래사막에서는 어떻게 성을 축조했을까? 고비사막에서 사용 가능한 재료는 점토가 거의 없는 모래와 자갈의 혼합물이었다. 이 재료는 건조한 모래와 같이 점착력이 거의 없다. 사용 가능한 다른 재료도 없고, 몇몇 지역에 갈대와 같은 얇은 가지의 식물들만 드물게 존재할 뿐이었다. 5m 높이의 벽을 축조하기 위한 유일한 해결책은 모래와 자갈의 혼합층 사이에 나뭇가지 층을 포개어 놓는 것이다. 나뭇가지 마찰력에 의해 입자들이 수평으로 밀리는 것을 막을 수 있다.

보강토

이 보강토 원리는 1960년대 초 프랑스 엔지니어 앙리 비달이 개발했고, 세계적으로 가장 널리 알려진 기술 중 하나다. 그는 해변의 모래 위 솔잎을 보며 보강토가 축적된 곳의 경사도가 보통 모래의 경사보다 30° 정도 크다는 것을 알게 되었다. 보도, 차도, 기차 등의 기초에서 경사각 30°를 수직으로 개선하는 데는 엄청난 경제적 비용이 발생한다. 그러므로 보강토 방식은 세계 모든 국가에서 사용되고 있고, 수백만m2의 벽이 매년 건설되고 있다. 외형상으로 보강토 흙벽은 콘크리트 벽과 비슷하다.(사진 2) 그러나 이것은 금속 구조로 고정된 큰 블록이 만들어내는 외부 벽장식일 뿐이다.(사진 3) 벽은 점착력 없는 모래와 같은 흙으로 되어 있다. 또한 금속 소재는 입자 재료들이 밀려나는 것을 막아주고 벽이 수직으로 지탱할 수 있도록 해준다.

개비온

개비온은 옹벽을 구축하기 위해 사용하는 또 다른 방식이다.(사진 4) 개비온이라는 단어는 큰 새장을 뜻하는 이탈리어 'gabione'에서 왔다. 개비온 방식은 총이나 포탄의 조준 장소를 재빨리 보호하는 방어 시스템에서 유래했다. 16세기에 처음 등장했고, 총알과 파편을 약화시킬 목적으로 버드나무 가지로 된 바구니에 흙과 석고를 집어넣었다. 오늘날 버드나무 새장은 금속으로 바뀌었다.

모래 자루

1980년대 나사에서는 미래에 달과 화성에 인간이 이주할 수 있도록 건설 시스템 관련 특허를 등록했다. 그것은 흙이나 모래 혹은 돌가루로 채운 두꺼운 종이 블록에 관한 것이다. 이와 유사한 방식으로 나데 칼리리가 개발한 슈퍼 벽돌 시스템이 등장했다. 이것은 흙과 모래를 채운 자루의 도움으로 돔과 볼트, 벽을 건설할 수 있었다.(사진 5) 이 기술은 비상시 주거를 위해 자주 이용되었다.

고성능 모래 집합체는 어떻게 만들까?

우리는 튼튼한 모래 집합체를 어떻게 만드는지 알고 있다. 이것은 흙다짐 방식과 같이 얇은 모래층을 다지는 것으로 충분하다. 그렇다면 모래층 사이에 작은 격자형 금속체를 놓아 실험 범위를 확장해 보자. 이 모래 집합체는 인간의 무게도 쉽게 견딜 수 있기 때문에 파괴되지 않을 것이다.(실험 7) 사실 이 격자형 금속체는 수평으로 밀어내는 입자들의 인장력을 막아준다. 이와 같은 방식으로 흙다짐의 다짐층 사이나 흙벽돌 벽체의 벽돌 사이에 격자형 금속체를 설치하면 강도가 상당히 증가할 것이다. 예멘 시밤 도시의 높은 흙건축에 대한 설명 중 한 가지는, 벽돌 사이에 갈대층이 규칙적인 간격으로 자리 잡고 있다는 것이다.

실험 7
컵 안에 얇은 모래층을 다지면서 그것들 사이에 작은 격자형 금속체를 설치하면 높은 강도의 모래 집합체를 얻을 수 있다. 이 모래 집합체는 인간의 무게도 쉽게 견딜 수 있다.

흙과 나무로 이루어진 경량 주거 프로토타입

최근 프랑스 빌퐁텐 지역의 그랑 아틀리에에서 그르노블 건축학교 출신 건축가 그자비에 포르트가 경량 주거 프로토타입을 지었다. 이것은 목구조에 흙을 채워 만들어졌다. 벽체는 나무가 약하게 쌓여 있는 구조로 나사, 못, 본드를 사용하지 않고 매우 신속하게 조립이 이루어졌다. 구성 재료들이 차곡차곡 자리 잡고 있고, 이중으로 지탱하도록 세운 벽체들에는 건조한 흙입자들을 채워 넣었다. 나무 지지벽 사이의 접촉 지점에서는 입자들의 무게로 마찰력이 상당히 증가하고, 이것은 구조체로 전달된다. 그러므로 나무 지지벽은 단순한 마찰력에 의해 차례대로 고정되고 입자들의 수평 응력을 견딜 수 있게 된다.

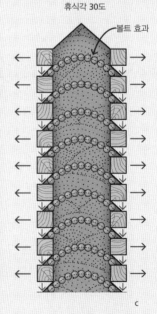

실험 8

(a) 저울 위에 쌓인 나무 조각들이 만들어낸 기둥 공간이 아무런 접촉 없이 자리 잡고 있다. (b) 건조한 모래를 이 내부 기둥 공간에 약간 부어 넣으면 76g 정도의 무게로 모래들은 바닥을 채운다. 맨 위까지 모래를 채워도 무게는 단 20g 정도만 증가한다. (c) 입자의 무게는 나무 구조 안에서 측면으로 전달되고, 재료들의 마찰력으로 고정된다. 그러므로 그것들은 수평 응력을 인장력으로 다시 잡는다.

모래성의 물리적 특성

1997년, 《네이처》에서 "모래성은 어떻게 서 있는가?"라는 제목의 기사를 발표했다.
이듬해에는 "모래성은 어떻게 무너지는가?"라는 기사를 실었다.
건조한 입자들에 대한 연구가 일찍이 이루어진 반면, 젖은 입자들의
물리적 성질에 관한 연구들은 최근에서야 이루어지기 시작했고,
현재까지 많은 연구자가 관심 있게 연구하고 있다.

해변에서 노는 아이들은 모두 건조한 모래와 젖은 모래의 물리적 특성이 다르다는
것을 안다. 건조한 모래에 물을 첨가하면 마찰력과 응집력이 강화되어 건조 입자 상태의
반응을 일으킨다. 모래성은 입자들 사이의 모세관의 힘과 액체의 표면장력으로
물 분자들이 입자들을 당겨 지탱하고 서 있을 수 있다. 이 현상은 젖은 모래뿐만
아니라 콘크리트와 흙에서도 지배적인 역할을 하며 동일하게 나타난다. 이 두 재료로
건설한 벽은 마른 것처럼 보이지만 사실은 항상 수분을 함유하고 있다. 그렇다면
모래성과 건축(BTP, Bâtiment et Travaux Publics)의 공통된 문제는 무엇일까?

←

실험 1
물이 약 1cm 정도 고인 접시 안에 건조한 모래를 부어 흘려
보내면 특이한 석순 형태가 만들어진다. 물의 모세관 상승과
응집력으로 모래에 결합 작용이 발생해 완만한 수직 구조가
생기는 것이다. 이것은 모래성의 물리적 특성이기도 하며,
젖은 입자들의 물리적 특성이다.

건축과 물

물의 중요성은 우리의 일상생활과 산업 활동 속에서 충분히 증명되었다.
그러나 아직 우리가 잘 모르는 물의 성질이 있다. 액체는 누구나 알고 있는
흐르는 속성뿐만 아니라 두 표면 사이를 끌어당기는 힘도 존재한다.
흙벽이나 모래성의 응집력이 보여주는 입자들 사이의 접착력이 바로 그것이다.

기름 속의 물방울은 공기 안의 물방
울과 같이 완전한 구형을 만들어 그
들의 표면적을 최소화한다. 이것은 두
액체 사이의 계면 응집력이다.

실험 1
쇠로 만든 바늘들이 물 위에 떠 있다. 이 바늘들은 마치 천 위에 올려진 듯 표면을 통과하지 못한다. 이러한 힘을 물의 표면장력이라 하고 모세관의 힘이라고도 한다.

→
실험 2
물과 공기 사이에 표면장력이 있다면 물과 기름 사이에는 계면 응집력이 존재한다. 물과 기름이 담긴 잔의 계면을 막대기로 누르면 마치 탄성이 있는 천처럼 작용한다.

물의 표면

물의 유동성을 잠시 잊고 물의 표면을 자세히 관찰하면 마치 변형 표피를 가진 듯한 물의 놀라운 기하학적 형태를 볼 수 있다. 물 위에 떠 있는 바늘들을 떠올리면 이해가 쉬울 것이다.(실험 1) 물의 표면은 인장력에 의해 팽팽하게 당겨진 탄성막처럼 어떤 변형도 일어나지 않는다. 모든 액체에 존재하는 이 표면장력은 각각의 액체가 가진 응집 에너지와 비례하며, 소금쟁이와 같은 곤충들이 물 위에 뜰 때 발생한다. 표면장력은 액체 분자 사이의 내적인 상호 인력 작용이 외적으로 표출되어 나타나는 것이다.

표면 수축

모세관의 힘이 발생하는 원인은 다음과 같다. 만약 액체에 둘러싸인 분자들이 그 주변과 상호 응집력이 발생하면 면에 있는 분자들은 이 상호 응집력의 절반 정도를 잃어버린다. 그래서 물은 공기와의 접촉을 피하려 하고, 주어진 액체 부피의 표면을 항상 최소화하려 한다. 예를 들어 빗방울이 구형인 이유는 주어진 액체 부피의 최소 표면적이기 때문이다. 표면을 증가시켜 액체를 변형할 때 필요한 에너지는 표면에서 가져와야 하는 분자 수와 비례한다. 그러므로 표면장력은 단위면적의 표면 증가를 위해 제공되는 에너지 양이다. 잘 섞이지 않는 물과 기름을 떠올리면

이해가 쉬울 것이다.(실험 2) 그것들의 분리 표면은 계면 응집력의 특성을 보인다. 계면은 탄성막을 연상하게 하고, 그것이 변형되면 에너지를 가져오게 된다.

침수

물의 또 다른 흥미로운 특성은 침수다. 어떤 고체들은 물과 접촉한 후에도 표면은 건조 상태를 유지하며 물방울이 다시 자리를 잡기도 하는데, 이러한 특성을 소수성이라 한다.(실험 3)

기름과 반대로 물과 친화력 있는 표면을 친수성이라고 한다. 깨끗한 유리 위에 물방울을 떨어뜨리면 물방울은 완전히 퍼진다. 유리는 친수성 재료로 물을 좋아하고 물도 유리를 좋아한다. 일반적으로 물은 친수성을 갖는 유리나 모래와 같은 광물의 표면에 잘 접착한다. 앞 장에서 설명했던 표면장력은 단지 액체·가스 혹은 액체·액체의 두 단계에 대해서만 설명했다. 고체 표면의 물 축임은 3상 단계(고체·액체·가스)의 접촉에 관한 것이다. 그러므로 이것은 액체와 공기의 표면장력을 넘어 액체와 고체, 그리고 액체와 가스의 계면 응집력을 고려할 필요가 있다. 따라서 고체 표면 위의 물방울 형태는 표면 위의 세 가지 응집력 사이에서 발생하는 결과물이다.

a

b

모세관 상승

모세관 상승 현상에 의한 물의 특성에 대해 간단히 살펴보자. 매우 가는 관이 표면 활성 액체가 존재하는 밑부분에 접할 때, 액체는 일정한 높이까지 그 관을 따라 상승한다. 이것은 모세관 현상의 과학적 원리를 가장 확실하게 보여주는 방법 중 하나로, 물이 상승하는 높이는 관의 지름에 따라 다르다.(실험 4) 유리는 물을 유인하는 친수성이 있으며, 그 친수성으로 관 안에서 물이 상승한다. 물을 위로 끌어당기는 힘은 물기둥의 무게에 의해 균형이 잡힌다. 물이 가장 높이 상승한 관의 부피가 가장 작고, 가장 많은 양의 물이 있는 관의 부피가 가장 크다. 따라서 접촉하는 표면에 비해 관의 부피가 크다.

c

실험 3

(a) 거의 구형인 물방울이 꽃잎 위에 떨어져 있다.

(b) 물방울이 플라스틱 위에 있는데 약간은 평평한 형태다.

(c) 유리 위에서 물방울은 평평한 형태다.

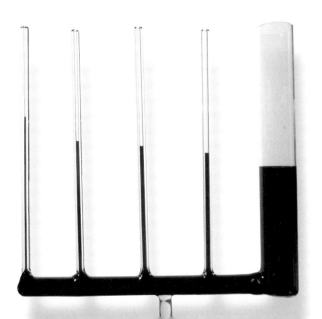

←

실험 4
유리관 안의 모세관 현상으로 관이 가늘어질수록 물은 더 높이 상승한다.

→

실험 5
두 유리판 사이의 모세관 현상으로 물이 한 구석으로 모이면서 왼쪽과 오른쪽으로 퍼진다. 이렇게 움직이는 물은 완벽한 수학적 곡선을 만든다.

좋은 모자와 좋은 장화

흙벽을 잘 보호하지 않으면 물이 흙벽을 침투해 붕괴될 위험이 있다.
흙건축과 관련한 옛 속담에 따르면, 흙건축을 오래 보존하기 위해서는
두 가지 특별한 조치가 필요하다. 그것은 바로 '좋은 모자'와 '좋은 장화'다.

좋은 모자

흙으로 집을 짓기 위해 첫 번째로 지켜야 할 것은 흙벽의 윗부분이 비에 젖지 않도록 좋은 모자로 보호하는 것이다. 그래서 전통 흙건축의 처마는 길게 튀어나와 있다. 오른쪽 그림과 같이 자연에서 발견할 수 있는 요정의 굴뚝은 '좋은 모자'의 완벽한 사례다. 제일 윗부분에 있는 큰 바위가 흙기둥의 침식을 오랫동안 막아준다.

좋은 장화

매우 얇은 유리관의 물이 상승하는 것처럼 물은 흙입자 사이의 연속적으로 연결된 수직 공극 사이를 통해 흡수되어 올라갈 수 있다. 커피 안에 넣은 설탕 조각과 같이 땅 위의 흙블록은 수분을 흡수해 축축해진다.(실험 6) 그래서 일반적으로 흙벽은 콘크리트나 석재 위에 세운다. 이것의 일부분은 땅속에 있고, 다른 부분은 지면 위에서 기초판의 역할을 한다. 오늘날에는 흙에 시멘트나 석회를 혼합해 기초나 기초판으로 사용하고 있다.

실험 6
모세관 현상의 예. 물이 담긴 접시에 흙블록을 놓으면 흙블록이 물을 흡수하면서 밑부분이 파괴된다. '좋은 장화'는 이 흡수현상을 대비하기에 좋은 역할을 한다.

오늘날 흙벽은 지면의 수분에서 보호하기 위해 석회나 시멘트를 혼합해 세운다. 이 흙다짐 벽들은 회색 시멘트 콘크리트의 이중 기초 위에 놓는다. 흙벽 아래쪽의 약한 부분은 석회가 혼합되어 위쪽에 비해 밝은 색을 나타낸다.

↗ 터키의 카파도스에 있는 요정의 굴뚝. 단단한 암석이 아래쪽에 위치한 부서지기 쉬운 침전물의 침식을 보호한다.

→ 론알프스 브레스에 있는 전통 흙건축물. 큰 처마('좋은 모자'), 그리고 돌이나 구운 벽돌로 만든 기초('좋은 장화')를 통해 건물을 물에서 보호한다.

모래성을 지탱하고 있는 것

건조한 모래는 접착력이 없기 때문에 모래성을 짓는 것이 불가능하다.
모래성을 짓기 위한 반죽을 만들려면 물을 첨가해 모래에 응집력이
생기게 해야 한다. 그리고 각각의 입자들로 떨어져 있는 모래 집합체를
응집력 있는 재료로 만들어야 한다. 물의 양이 증가하면 응집력은 향상되지만,
물이 포화 상태가 되면 응집력은 빠르게 사라진다. 즉 젖은 모래가 응집력을
가질 수 있는 최적의 함수량이 존재하므로 물을 너무 많이 첨가해서는 안 된다.

실험 1
평평한 수평판 위에 마른 유리구슬들을 펼쳐 놓는다. 모여 있는 유리
구슬들에 약간의 물을 투입하고 수평판을 흔들면 동일한 크기의 구형
유리구슬 집합체는 가장 밀도가 높은 형태인 벌집 모양이 된다.

실험 2
건조한 유리구슬로는 피라미드 형태를
쌓아 올릴 수 없다. 그러나 몇 방울의 물
을 첨가하면 피라미드를 쌓을 수 있다.

건축을 위한 물

물과 입자는 환상의 조합이다. 몇 밀리미터 떨어진
건조한 두 개의 유리구슬에 물을 한 방울 떨어뜨리면
서로 자석처럼 붙는다. 이러한 현상은 평평한 수평판
위에 많은 유리구슬을 펼쳐 놓았을 때 더 확실히 드
러난다.(실험 1) 모여 있는 유리구슬에 약간의 물을 투
입하고 수평판을 흔들면 동일한 크기의 구형 유리구
슬 집합체들은 밀도가 가장 높은 벌집 형태가 된다.

특히 모래와 물은 상호 보완적이다. 물의 응집력은
모래에 접촉 응집력과 마찰 응집력이 생기게 해 모래
집합체가 긴밀히 결합한 견고한 형태를 만든다. 보
다 자세히 이해하기 위해 건조한 유리구슬로 피라미
드 형태를 만들어보았다. 이 유리구슬 피라미드는 빠

르게 미끄러져 무너진다. 이것은 건조한 유리구슬이
피라미드 형태를 유지하기 위한 충분한 마찰 응집력
이 없기 때문이다. 하지만 유리구슬에 물을 첨가하면
보다 높은 피라미드 구조물을 세울 수 있다. 모세관
응집력에는 중력을 견딜 수 있는 마찰 응집력이 있기
때문이다.(실험 2)

모세관 연결

모래성의 입자들이 서로 붙을 수 있고 물 위에 금속
들이 떠 있을 수 있는 현상은 어떻게 설명할 수 있을
까? 표면장력과 모세관 응집력 사이를 연결하는 것
은 무엇일까? 답은 두 개의 유리구슬 사이에 물을 한
방울 떨어뜨려 적용한 특별한 형태에서 찾을 수 있

← ✎ →
실험 3
모세관 연결은 젖은 두 입자들 사이에 존재하는 물한 방울로 각각 자리 잡는다. 구형은 수학적으로 최소의 표면적이다. 그러므로 모래성의 접착력은 그것들 사이의 입자들을 연결한 모세관 연결 때문이다.

실험 4
작은 모세관 연결만으로도 폴리스틸렌 입자들을 사슬처럼 연결할 수 있다.

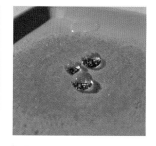

실험 5
물은 보통 친수성을 가진 모래에 잘 스며든다. 하지만 화학 처리된 소수성 모래에서는 표면에 물방울 형태로 남으며, 따라서 모래는 젖지 않는다.

다.(실험 3) 물과 공기의 접촉 범위가 가능한 약한 상태에서 두 개의 유리구슬 표면에 물을 떨어뜨려 접착시킨다. 유리구슬 사이를 떨어뜨려 이 면적을 증가시킨다. 탄성 응집력막과 같이 표면 에너지를 최소화하기 위해 물은 유리구슬을 끌어당긴다. 이와 같이 모래성에서 모든 입자들은 각각의 접촉 정도에 따라 물 사이에서 연결되어 있다.

물은 접착제다

간단히 말해 물은 접착제다. 2mm 크기의 폴리스틸렌 입자들로 실험을 해보면 물을 이용해 폴리스틸렌 입자들을 실험판 위에 쉽게 붙일 수 있다.(실험 4) 같은 방식으로 첫 번째 입자에서 다른 입자들을 하나씩 붙여나가면 물의 접착력으로 약 10여개의 폴리스틸렌 입자들을 작은 사슬모양으로 붙일 수 있고, 물과 입자로만 이루어진 독특한 역방향 사슬 아치 형태를 구성할 수도 있다.

반대되는 세계

모래는 입자들을 붙일 수 있는 물에 대해 친수성을 가지고 있다는 사실을 기억하면서, 화학 처리가 된 소수성 모래를 생각해보자.(실험 5) 어떤 현상이 나타날까? 우선 물과 모래는 서로 섞이지 않는다. 보통의 모래에서는 물은 공극 안으로 자동 흡수되지만, 화학 처리가 된 소수성 모래에서는 표면에 물이 방울 형태로 자리 잡고 입자들 사이로 침투하지 못한다. 따라서 모래를 젖게 하는 것이 불가능하며, 모래성도 만들 수 없다.

화학 처리된 소수성 모래를 물에 넣으면 다른 모래처럼 물속에서 분산되는 것이 아니라 모래 기둥을 만들며 응집된다.(실험 6) 이처럼 화학 처리된 소수성 모래는 물 안에서 모래 반죽을 만들 수 있다. 소수성 모래는 얇은 공기막에 싸인 것처럼 물의 침투를 막는다. 즉 보통의 친수성 모래와 화학 처리된 소수성 모래는 서로 반대되는 세계다. 친수성 모래가 공기 속

실험 6
(a) 일반 모래는 물속에 들어가면 퍼진다. (b) 소수성 모래
는 물속에 들어가면 서로 결합해 기둥의 형태를 만든다.

실험 7
공기 중에 젖은 모래로 만든 반죽은 평범하지만 물속에 있는
소수성 모래는 왠지 불안해 보인다. 그러나 물리학자는 공기
와 물이 서로 형태를 유지하게 하는 역할이라고 설명한다.

에서 물 액체 막을 입는 반면, 소수성 모래는 물속에
서 공기막을 입는다.(실험 7)

결국 모세관 응집은 액체, 고체, 기체의 3단계 상태
에서 동시에 존재해야 한다. 습윤 상태의 모래 반죽
은 물속에 들어가면 무너진다.(실험 8) 더 이상 고체와
액체 상태가 아니기 때문에 공기가 빠져나오고 결합
력이 사라진다. 동일한 방식으로 화학 처리된 소수성
모래 반죽은 물속에서 외부로 꺼내면 무너진다. 공기
중의 건조한 모래 반죽은 물속의 젖은 모래 반죽보다
부착력이 떨어진다.

결합력 = 고체 + 액체 + 기체

여기서 물이 접착제라는 설명이 틀렸음을 알 수 있
다. 물은 접착제가 아니다. 접착력을 갖기 위해서는
결합력이 있는 입자들 사이에 공기와 물이 동시에 존
재해야 한다. 모세관 연결은 물과 공기 사이를 가로
지르는 하나의 통로다. 공기와 표면장력은 존재하지
않는다. 견고한 모래 집합체를 만들기 위해서는 공기

를 제거하고 공극을 채워야 하며 이를 위해서는 너무
많은 물을 첨가해서는 안 된다. 그러므로 모래성에는
결합력을 잃지 않는 최적 함수량이 존재한다.(실험 9)

공기의 제거

젖은 입자들 사이에 존재하는 공극들은 견고한 모래
성을 만드는 데 불필요한 요소들이다. 예를 들어 진
동을 주어 젖은 모래 기둥에 함유된 공기들을 제거하
면 넓게 펼쳐진 형태가 된다(실험 10). 작은 기포들이
표면에 떠오르고 가장자리에서는 물이 흐른다. 이것
을 다시 손가락들 사이에 모래들을 움켜쥐면 약간 마
른 것처럼 다시 모래 기둥을 만드는 데 필요한 충분
한 응집력을 나타낸다. 이러한 현상을 어떻게 설명해
야 할까? 입자들 사이에는 더 이상 빈 공간이 존재하
지 않고 공기는 배출된다. 모래는 결합력을 잃어버리
고 손안에 있는 모래들은 응집된 상태를 잃어버린다.
모래 입자들 사이에는 다시 공극이 발생한다. 모래는
건조한 것처럼 보이고, 다시 결합력이 발생한다.

a
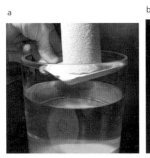

b

c

d
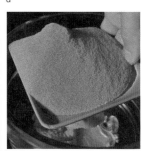

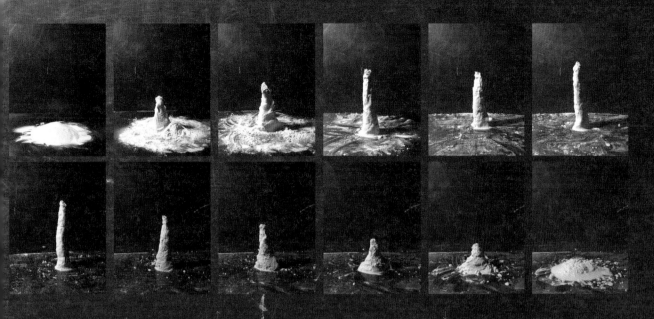

실험 9
모래에 물의 함유량을 건조 상태에서 포화 상태까지 다양하게 변화시키며 가능한 높이까지 기둥을 만들어 보았다. 모래 더미가 완만한 기울기를 보이는 건조 상태에서 시작해 물의 첨가량을 늘릴수록 일정 함수량의 최대 높이까지는 기울기가 점점 증가하다가 함수량이 초과하면 모래 더미의 높이가 다시 내려가 넓게 퍼지기 시작한다.

↓
실험 10
가는 모래에 수분을 첨가하면 결합력이 생겨 기둥 모양을 만들 수 있다. 여기에 진동을 주면 모래는 점점 액체 형태로 변해 받침대 위에 넓게 퍼지고, 표면은 물이 덮고 있다. 그리고 이것을 손으로 움켜쥐면 모래는 곧바로 건조해지면서 다시 기둥 모양을 만들 수 있고, 이전의 실험을 다시 할 수 있다.

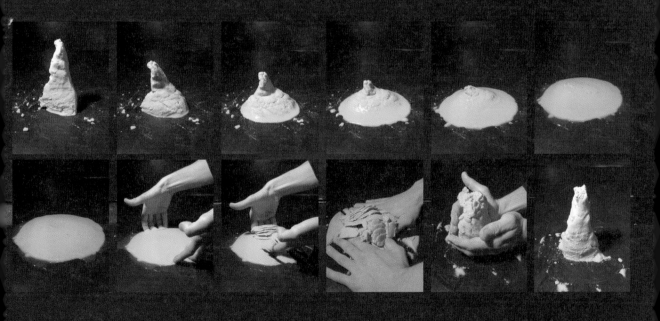

←
실험 8
3단계 상태에서 동시에 존재해야 입자들은 응집이 가능하다. 친수성 모래 반죽(a)은 물에 넣자마자 무너지고(b), 동일한 방식으로 화학 처리된 소수성 모래 반죽(c)은 물속에서 외부로 꺼내면 무너진다(d).

흙벽을 지탱하고 있는 것

점토는 특별한 입자로 판상 형태이며 매우 미세하다. 점토는 가소성과
결합력이 있으며, 이러한 특성은 흙을 구성하는 다른 입자들과 구별되게 한다.
흙은 종종 점토에 의해 결합된 콘크리트로 여겨지기도 한다.
사실 흙을 연결하는 것은 물이다. 점토는 매우 강한 모세관 응집력을 허용하는
크기와 형태를 가진 입자일 뿐이다.

미세한 입자판

점토는 육안이나 광학현미경으로도 식별하기 어려운
매우 작은 입자다. 이것은 엽상 규산염이다. 전자현
미경으로 관찰해보면 마이크로미터 크기의 판상 형
태로 질서정연하게 배열된 것으로 나타난다. 점토가
가진 크기와 형태, 이 두 가지 특징은 강한 결합력과
가소성의 원인이 된다.

가장 작은 입자, 가장 접착력이 좋은 물

가는 모래 반죽은 굵은 모래 반죽에 비해 훨씬 강도가
뛰어나다.(실험 1) 가는 모래 입자의 부피와 굵은 모래
입자의 부피를 생각해보면 쉽게 이해할 수 있다. 입
자들의 숫자는 가는 모래가 굵은 모래에 비해 훨씬 많
다. 그러므로 입자의 크기가 줄어들 때 모세관의 힘은
증가한다. 모래 입자에 비해 약 1000배 정도 작은 점

토 입자판들 사이에 이 모세관의 힘이 집중되었을 때
를 생각해보라. 모래 입자로는 약하지만 점토 입자판
은 상당한 크기의 건축물을 짓기에 충분한 강력한 힘
이 있다.

두 면 사이의 접착력 개선

점토의 경우, 결합력은 모세관의 힘을 증가시키는 평
평한 형태만큼 중요한 요소다. 평평한 물체는 구형에
비해 보다 우수한 부착력이 있다. 예를 들어 두 개의
유리판을 붙이는 수증기 정도의 양이면 충분하다.(실
험 2)

　점토판과 유리판의 비교는 단순하다. 점토판은 보
통 평평한 판보다는 모서리 부분에 무질서하게 쌓여
있다. 그래서 접촉면이 약하다. 이웃과 인접한 상황
에서 판들의 표면 마찰력은 1% 정도다.

b

실험 1
가는 모래(a)는 굵은 모래(b)에 비해 더 무거운 무게를 견딜 수 있다.

흙을 붙이는 물

158쪽 상단 사진은 두 모래 입자를 붙이는 점토를 보여준다. 사진을 보면 재료를 만들 때 형성된 모세관 내의 액체 표면이 만든 요철의 흔적이 보인다. 흙은 점토가 접착제 역할을 하는 콘크리트와 비슷하다. 또한 흙은 모세관 연결에 의해 입자들 사이를 연결해주는 수많은 점토 입자들로 구성된 것을 알 수 있다. 끝으로 흙 입자들을 사실상 연결해주는 것은 물이다. 모세관 응집은 점토의 형태와 크기가 매우 중요하다. 물의 모세관 통로는 극히 작기 때문에 모세관 응집력은 모래성 내부를 견고하게 연결해준다.

젖은 공기

만약 물이 흙을 접착시킨다면, 모래성과 같이 수분이 없을 때 흙벽은 왜 무너지지 않는 것일까? 모래 입자들 사이의 모세관 통로는 입자들을 결합시키고 몇 시간 후면 사라진다. 하지만 매우 미세한 영역에서 두 점토 입자판 사이의 모세관 연결은 일반적인 원칙과 다르다. 물은 완전히 사라지지는 않는다. 오히려 물을 만들어내기도 한다. 공기 중의 수분이 점토 입자

←

실험 2
약간의 수분만으로도 유리판을 붙일 수 있다. 사실 모세관 응집력은 구형보다 평평한 물체에서 훨씬 중요하게 작용한다. 왜냐하면 평평한 물체의 접촉면이 훨씬 넓기 때문이다. 이 같이 평평한 물체들은 서로 미끄러지지 않고 곧바로 떼어내는 것이 불가능하다. 이 접촉면들 사이의 이동은 점토의 가소성에 매우 핵심적인 요소다.

전자현미경으로 본 점토 입자판

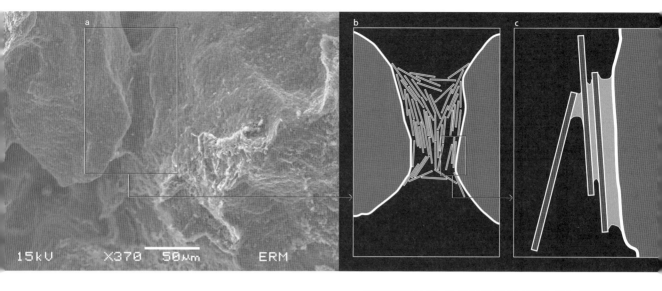

전자현미경에서 보이는 두 개의 모래 입자를 연결하는 점토 다리 (b)와 (c)를 살펴보면, 점토 다리는 모세관 다리에 의해 연결된 고체 입자인 점토로 되어 있다. 흙을 연결하는 접착제는 물이다.

들 사이에 아주 얇은 물 분자 피막을 형성해 매우 미세한 영역에서 모세관 통로를 만들어 수분을 응축할 수 있다. 수많은 광물은 이러한 응축 현상으로 공기 중에 존재하는 물 분자 피막으로 자연스럽게 둘러싸여 있다. 상대습도 10%에서 80% 사이의 매우 미세한 영역의 두께에서 흡착된 물 피막으로 물 분자 층은 2중 혹은 3중으로 구성되어 있다. 그래서 공기 중의 수분은 점토판의 결합력을 유지시켜 줄 수 있다. 이런

단순한 사실이 접착력을 유지시켜 준다. 그래서 흙벽은 결코 완전히 마르지 않는다. 흙벽의 점토 입자판 사이에는 항상 약간의 물이 존재한다. 공기 중에 존재하는 수증기와 균형 상태에 있기 때문에 물이 완전히 마르지 않는 것이다.

실험 3
이 마른 점토 덩어리는 여러 조각으로 부서져 있다. 점토 입자는 매우 작아 공기 중의 습기만으로도 결합된다.

최첨단 에어컨, 흙벽

상변화 물질

건조한 흙은 공기 중의 수증기와 균형 상태에서 어느 정도 물을 포함한다. 이러한 특성은 어떻게 흙이 자연스럽게 실내 공기를 조절하는 역할을 하는지 설명해준다. MCP라 불리는 상변화 물질과 흙을 비교해 보자. 상변화 물질은 건축 재료 분야에서 이용하는 최신기술 중 하나다. 이것은 0℃의 물이 얼음으로 변하는 것과 같이 다양한 온도에서 재료들이 변하는 것을 말한다. 그러나 고체-액체 용해는 주위의 칼로리 흡수를 수반한다. 그리고 그것을 다시 고체화할 때도 마찬가지다. 이것은 상변화 물질의 초점에 의지하는 물리적 원리다. 그것들은 작은 구슬 형태의 파라핀 왁스가 함유된 미세한 캡슐 형태를 나타낸다. 이 구슬들은 석고 바름, 미장, 콘크리트 패널, 샌드위치 패널 등의 재료에 첨가된다. 이 물질이 가진 물과의 가장 큰 차이는 녹는점이 19~27℃ 사이라는 점이다. 공기 중의 온도가 녹는점에 도달하면 곧바로 파라핀은 액체로 변하며 방 안의 뜨거운 열기를 흡수한다. 그리고 주변의 온도가 차가워지면 파라핀은 다시 고체로 변하며 흡수했던 열기를 발산한다. 3~5℃에서는 평행 상태에 도달한다. 이러한 상변화 물질은 공간에 쾌적함을 제공하며, 실내 공기 조절 측면에서 경제적인 장점도 있다.

흙은 자연적인 상변화 물질이다

흙재료가 가진 여러 가지 성능 중 첫 번째 성능은 주거 공간을 쾌적하게 만드는 것이다. 흙은 자연 상태에서 변화하는 재료이기 때문이다. 사실 흙에 상변화 물질인 파라핀 캡슐을 혼합해 사용하는 것은 의미가 없다. 흙은 그 자체로 온도 환경에 따라 변화할 수 있는 재료이기 때문이다. 물론 물은 0℃에서 얼고 100℃에서 끓는다. 하지만 이러한 규칙은 점토판 사이의 매우 미세한 두께의 모세관 연결에는 차이가 있다. 미세한 규모에서는 물은 주변 습도와 균형을 이룬다. 그리고 이 물은 내부 온도가 상승할 때 방출되고, 온도가 내려갈 때 모세관 응축을 통해 흡수된다. 그러므로 흙재료의 미세 영역에서는 온도 변화에 따라 물의 함유량이 달라진다. 온도가 상승할 때 물은 방 안의 뜨거운 열기를 흡수해 수분을 방출하고, 주변의 공기가 다시 차가워지면 공기 중의 수분 일부를 흡수해 흙에 응축시킨 뒤 축적된 에너지를 되돌려준다. 그러니까 흙은 우리에게 쾌적한 실내 공간을 제공하기 위해 끝없이 변화하고 고유한 에너지의 이동 방식과 같은 물의 상태 변화를 활용한다. 그리고 물의 흡수와 방출은 파라핀의 고체-액체 변화보다 강한 에너지 교환이 발생한다. 물 1ℓ당 교환되는 에너지는 파라핀 22kg당 교환되는 에너지 양과 같다. 그렇지만 이 메커니즘을 효과적으로 활용하기 위해서는 흙벽의 중심과 외부 공기 사이에 기체 교환 작용이 빨리 일어나야 한다. 이것은 외부와 모세관 사이에 증발과 응축이 발생할 때는 미세 공극, 큰 직경의 연결 경로, 공극 사이의 연결성이 존재해야 한다는 것을 의미한다. 그러한 연결은 흙이나 자연 재료들 속에서 발생한다.

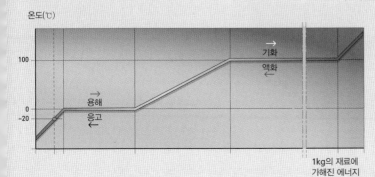

온도(℃)

100

0

-20

용해
응고

기화
액화

1kg의 재료에
가해진 에너지

영하 20℃로 얼어 있는 블록에 열을 가했다. 블록은 0℃까지 지속적으로 온도가 상승한다. 이 단계에서 온도는 꾸준히 상승한다. 그리고 얼음이 녹기 시작한다. 모든 물이 고체에서 액체로 변하지 않는 한 온도는 유지된다. 블록이 녹았을 때, 온도를 100℃까지 상승시킨다. 그러면 물은 끓기 시작하고 온도는 모든 물이 증발할 때까지 안정적인 상태를 유지한다. 모든 단계별 변화는 열 교환과 일치한다. 이것은 상변화 물질에 활용되는 원리다.

흙 표본들을 점토질로 만들기 위해 체로 걸렀
다. 그리고 이 미세한 분말들은 다양한 색상과
질감의 반죽을 얻기 위해 물과 혼합했다. 이것
은 점토의 다양한 잠재력을 증명한다.

점토의 물리·화학적 특성

만약 흙이 흥미로운 건축 재료라면 그것은 물 덕분이다.
물은 점토 입자판 사이의 상호작용을 강화하며
자연 결합력을 견고하게 한다. 우리가 느끼는 것과 달리
흙벽은 완전히 마르지 않은 상태이고, 점토 입자판 사이에는
항상 물이 존재한다. 물이 완전히 방출되지 않는 이유는
점토 입자판 사이의 수분이 공기 중에 함유된 수분과
평형 상태를 유지하기 때문이다. 이러한 수분의 평형 상태 안에서
흙은 약 2%의 수분을 함유하고 있고, 40cm 두께의
흙다짐 벽 1m²로 환산해보면 약 15ℓ 양에 해당한다.
이러한 수분이 없으면 흙벽을 짓기 어렵다.

입자들 사이에 물과 공기가 동시에 존재해야만 가능한
모세관 결합과 같은 모래성의 물리적 특성은 소성, 점착, 액체 상태의
흙재료를 이해하는 데 어떤 도움도 주지 못한다. 사실 물의
3단계 함수 상태 속에서 흙은 공기 없는 물과 입자들만의 결합이다.
그러므로 모세관 응집력은 존재하지 않는다. 또한 점토 반죽의
물리·화학적 특성은 흙을 이해하고 묘사하기 위해 더 많이 적용된다.

점토 입자판

만약 점토 입자와 비슷하면서도 다양한 특성을 지닌 광물 입자들이
수없이 많이 존재한다면 공통적인 특성이 하나 있을 것이다. 그것은 원자 크기를
초과하지 않는 두께의 매우 미세한 판이다. 이 판들은 다양한 모양의 공간 안에서 모인다.
매우 미세한 영역에서 점토들은 다양한 구조 형태를 나타내며
건축에서 재료의 상태를 다양하게 만든다. 그러므로 점토라는 단어는
거대하면서 다양한 광물의 미세한 영역을 의미한다.

현미경 관찰

점토의 대다수는 판상 형태를 띤다. 고배율 현미경으로 얇은 점토 조각을 관찰해보면 아래 사진에 보이는 것처럼 평평한 판상 형태를 보인다. 판상 형태는 모든 점토에서 공통적으로 나타나는 기본 조각이다. 이것은 점토가 엽상 실리케이트 광물의 한 종류이기 때문이다. 그리고 점토판들은 한 개의 산소 원자에 매우 작은 규소-산소의 3~4면체로 구성되어 있다.

수많은 판들이 점토판 안에 쌓여 있다. 그것들은 몇 쪽 혹은 수천 쪽의 잡지를 연상시키기도 한다. 판

상 측면의 크기는 다르다. 큰 입자들은 책 정도의 크기고, 가장 작은 입자들은 1mm보다 작다. 이러한 다양한 크기는 점토들마다 고유한 특성을 갖게 한다.

입자판의 분리

점토들은 항상 판상 형태를 띤다. 아래 그림 (a)와 (b)는 상호 연결막 조직을 보여준다. 이것은 벌집 모양의 구멍이 비정형적으로 형성된 벌집과 같은 형태다. 이 경우에는 판상 형태와의 유사성이 나타나지 않는다. 그러나 보다 미세한 크기에서는 판상 형태가 다시 나타난다. (c) 판들은 부드럽고 잘 구부러지고, 뒤섞인 입자 집합체와 같이 모이기 위해 다시 분리되기도 한다. 따라서 입자판 내부에서 판들은 따로 분리시킬 수 없

(a) 점토들은 육각판 형태를 띠며, 150nm 두께에 약 1㎛ 정도의 크기다.
(b) 현미경으로 확대해 보면 판상 입자들이 분명하게 보인다.
(c) 입자판을 확대하면 원자 구조를 나타낸다.

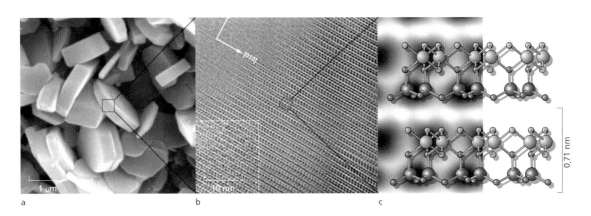

a   b   c

0.71 nm

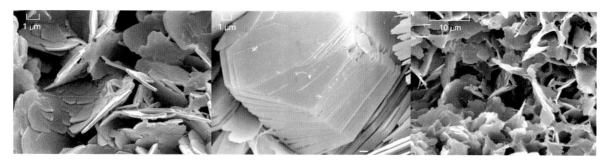

↑ ↗ ↗ 점토판 측면의 두께와 크기는 매우 다양
하지만 형태는 어느 정도 규칙성을 띤다.

↗ ↗ ↓ 이 점토들은 비정형적인 벌집 모양과 유사
하다.(a와 b) 1nm 두께에 1㎛ 길이의 구부러진 긴 판
은 매우 미세한 영역에서 관찰된다.(c)

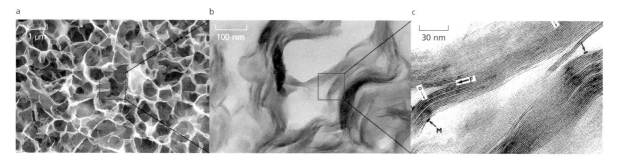

a

b

c

는 단단한 결정 형태로 서로 강하게 연결되어 있다.

감싸인 판상 구조

다른 점토 광물들의 일부는 섬유질이며 매우 가는 머
리카락과 유사하다. 이 섬유질의 단면을 관찰해보면
판상 구조를 확인할 수 있다. 이 판들은 섬유질 형성
을 위해 종이 두루마리와 같이 스스로 감싸고 있다.

자연 나노튜브

어떤 점토는 원형 튜브 형태를 띤다. 이 판들은 감싸

여 있거나 스스로 갇혀 있다. 이 점토들은 탄소 나노
튜브와 유사한 특성이 있고, 물질의 성능을 향상시켜
주는 첨가 재료로 많이 활용되고 있다. 공연장이나 영
화관의 전자파를 막아주는 도료의 재료로도 사용된다.

점토의 다양성은 층상 배열의 차이에서 발생한다.
층원의 절반은 표면에서 발견된다. 따라서 이 재료들
의 특성은 내부 특징이 아니라 표면 특징에 의해 발
생하는 것이다.

↗ ↓ 판상 구조에서 보이는 섬유질 점
토(a)와 단면도(b)를 보면 판들이 스스
로를 감싸고 있는 것을 확인할 수 있다.

↓ 이 점토는 자연 상태의 나노튜브로
튜브 형태를 띤다.

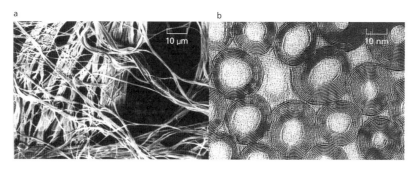

a

b

미세한 영역에서
점토들의 거대한 세상 엿보기

미세한 영역에서 점토들은 다양한 재료 상태에서 발생하는
여러 가지 형태와 구조를 보인다.

1. 섬유질 카올리나이트와 일라이트(캐나다 아타바스카 연안)

2. 판과 실선으로 구성된 일라이트(캐나다 아타바스카 연안)

3. 사암 속의 카올리나이트

4. 카올리나이트

5. 온석면

6. 콜로이드(북해 브렌트 유전)

7. 판과 머리카락 모양으로 구성된 일라이트(캐나다 아타바스카 연안)

8. 딕카이트에서 변화 중인 카올리나이트(북해 연안)

9. 카올리나이트(프랑스 모르비앙)

10. 세피올라이트

11. 카올리나이트

12. 카올리나이트

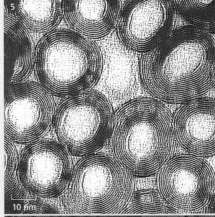

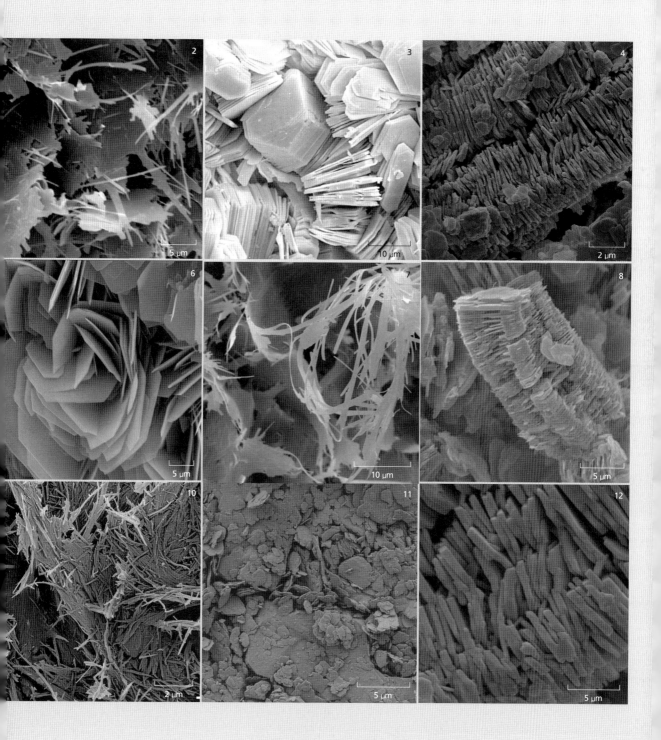

점토의 팽창과 균열

점토 광물들의 판은 연결된 힘에 따라 다소 쉽게 분리되는 경향이 있다. 그러므로 어떤 점토들은 팽창하기 위해 그들의 판 사이에 많은 수분을 흡수할 수 있다. 점토 반죽은 단단히 굳은 재료에 비해 많은 수분을 함유하고 있다. 또 건조하기 시작하면 수분을 방출하고, 재료가 수축하며 균열이 발생한다. 카올리나이트와 스멕타이트는 이와 반대로 반응한다.

←
실험 1
물속에서 팽창한 스멕타이트(왼쪽)와 팽창하지 않은 카올리나이트(오른쪽).

↑
실험 2
점토와 물을 동일한 비율로 혼합했을 때. 스멕타이트는 소성 상태. 카올리나이트는 액상 상태다.

팽창하는 것과 그렇지 않은 것

스멕타이트, 굴착 점토, 미용 마스크는 카올리나이트, 도자기 점토, 제지용 펄프로 매우 다르다. 두 종류의 점토를 각각의 두 병에 같은 양을 넣고 물을 부어 관찰해보면, 카올리나이트는 병 안의 일부분에만 채워져 있으나 스멕타이트는 병 안에서 물이 차지하는 거의 모든 부분에 채워져 있다. 따라서 스멕타이트는 팽창성 점토다.(실험 1)

소성 상태와 액상 상태

카올리나이트와 스멕타이트 두 종류의 점토를 준비해 같은 비율의 물을 첨가하면 매우 다른 특성을 보인다. 스멕타이트는 성형 가능한 소성 상태인 반면 카올리나이트는 물과 같은 액체 상태가 된다.(실험 2)

균열하는 것과 그렇지 않은 것

스멕타이트 점토를 성형 가능한 소성 상태로 만들기 위해서는 많은 양의 물이 필요하다. 소성 상태에서 제조하는 벽돌에 스멕타이트와 같은 팽창 점토가 함유되어 있으면 팽창 균열이 심하게 발생하고 카올리나이트가 함유된 경우에는 발생하지 않는다.(실험 3)

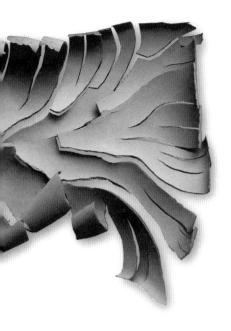

흙 안에 서로 상이한 두 재료 카올리나이트와 스멕타이트가 포함되어 있다. 사진에서와 같이 두 점토는 균열의 차이를 나타낸다.

입자판들의 분리

이 차이점을 이해하기 위해서는 미세한 영역에서 점토들을 관찰해야 한다. 카올리나이트는 아주 작은 판 형태를 보이며, 물이 침투할 수 없도록 판들이 층층이 쌓여 있다. 반면 스멕타이트는 서로 연결된 막 네트워크 형태를 나타내며, 보다 미세한 영역에서 다시 판 구조를 보인다. 그리고 이러한 구조들 사이로 물을 침투시키고 팽창시킬 수 있다. 이러한 종류의 점토들의 작용은 특성을 완전히 변화시킨다.

a

b
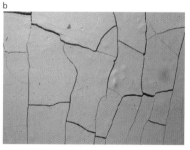

←
실험 3
초기에 동일한 양의 수분을 첨가한 스멕타이트(a)와 카올리나이트(b) 점토의 건조 상태. 왼쪽의 스멕타이트 점토는 본래 소성의 수분 상태였다. 그러므로 건조되면서 거대한 균열이 발생했다.

→ (a) 카올리나이트 판들은 견고한 형태로 쌓여 있다. 물이 침투할 수 없도록 내부에 판들이 형성되어 있으며, 팽창하지 않는다.
(b) 반대로 스멕타이트는 각각의 판들 사이에 물이 침투할 수 있고, 네트워크 구조를 팽창시킨다.

a

b
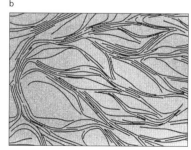

균열 피하기

흙미장은 자연 상태의 흙이 건조 수축을 잘 일으키는, 수분이 많은
점착 상태에서 작업을 하게 된다. 이것을 피하기 위해 모래나 짚을 넣는다.
서로 접촉된 모래 입자들은 점토의 수축을 막아주는 견고한 구조를 만들고,
볏짚들은 재료의 인장력을 증대시킨다.

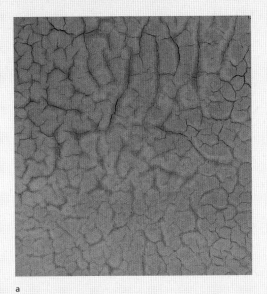

a

b

(a) 모래가 충분히 첨가되지 않은 미장 재료는
도기에 균열이 생긴 것처럼 금이 간다.

(b) 흙에 모래를 첨가한 흙미장에는 어떤 균열
도 발생하지 않았다.

(c) 볏짚은 균열을 막을 뿐만 아니라 디자인 측
면에서 사용된다.

c

균열 제어하기

흙미장의 특별한 미적 효과를 위해
점토의 균열을 활용하고 제어할 수 있다.

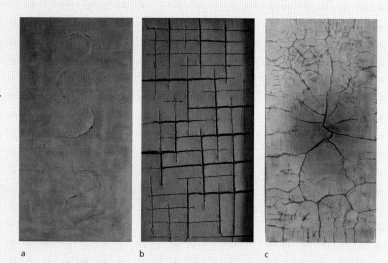

(a) 마르지 않은 미장면 위에 원형 아치를 표시해두면 지그
재그 형태의 균열을 만드는 단초가 된다.

(b) 같은 방식으로 사각 균열에 의해 바둑판 모양을 얻을 수
있다.

(c) 바깥쪽보다 중앙쪽 흙미장을 더 두껍게 해 보다 큰 균열
을 만든다.

(d) 뱀과 같이 구불구불한 균열을 만들기 위해 이 위치의 바
탕을 깊게 파내 미장면을 두껍게 한다.

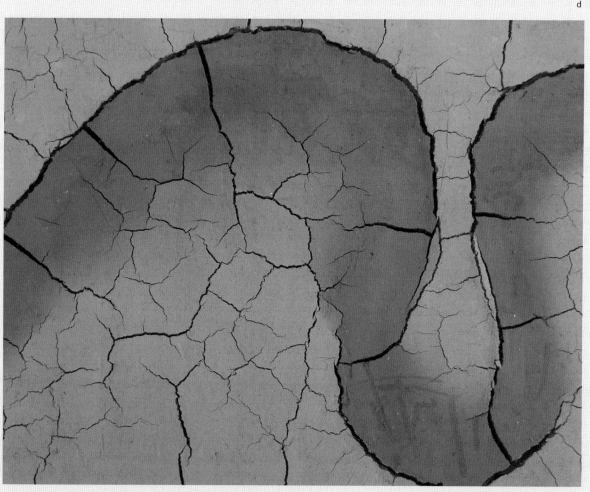

전기적 특성

점토들의 균열과 팽창의 차이점은 입자판들의 서로 다른
표면 특성과 관련이 있다. 예를 들어 카올리나이트는 중성의
전하인 반면, 스멕타이트 점토는 음전하를 띠고 있다.
역설적으로 점토들의 전하는 전기적인 힘에 의해 부착력을
높이고 균열을 발생시킨다. 이러한 전기적 특성들을 간단히 살펴보자.

전기 전하

흙이 전기적 물질이라는 것을 알고 있는가? 양극 위
에 굵은 선이 형성되도록 건전지와 연결된 두 가닥 구
리선을 스멕타이트 점토 속에 넣는 것으로 이를 증명
할 수 있다. 만약 스멕타이트 미립자들이 구리선에 모
이면 그것은 입자판들이 음전하로 덮여 있기 때문이
다. 물속에 잠긴 점토들은 자석의 두 음극이 접촉했을
때와 비슷하게 서로 반발 작용을 일으킨다. 그러므로
스멕타이트 점토는 물속에서 팽창하고, 이 점토를 이
용한 재료는 큰 균열이 발생한다.(실험 1, 2, 3)

카올리나이트 점토로 동일한 실험을 실시하면 같
은 다른 결과가 발생한다. 점토 입자들이 붙어 있는
어떤 굵은 선도 나타나지 않는데, 이것은 카올리나이
트의 입자판은 양전하도 음전하도 아닌 거의 중성 전
하를 띠기 때문이다. 물속에서 카올리나이트는 서로
반발 작용을 일으키지 않으며 서로 부착된 상태로 남
아 있다. 일반적으로 모든 점토 입자들은 카올리나이
트와 비슷한 성질을 가지고 있으며, 그것들의 큰 표
면적은 음전하를 띤다. 또한 비율은 점토의 종류에
따라 매우 다양하다.

점착력을 향상시키기 위한 추가적인 힘

만약 스멕타이트처럼 팽창 점토가 많이 함유된 흙은

거대한 균열을 일으킬 위험이 있기 때문에 건축에 사
용할 때는 매우 주의해야 한다. 그렇다고 카올리나이
트가 그것들을 대체할 수 있는 이상적인 점토는 아니
다. 카올리나이트는 약간의 균열이 발생하지만 빗물
에 의해 쉽게 씻긴다. 카올리나이트의 점착력은 결국
모세관 연결이기 때문이다. 따라서 공극이 물로 채워
지자마자 카올리나이트 입자를 연결하는 거의 모든
응집력은 사라질 것이다. 반대로 더 이상 공기가 없
다면 스멕타이트 점토와 연결되기 위한 전기적인 자
연 응집력이 남는다. 이러한 차이점들은 모래와 혼합
된 카올리나이트와 스멕타이트에 물을 채워 넣은 두
병을 통해 확인할 수 있다. 물속에서 카올리나이트는
단순히 침강을 통해서만 모래와 점토 입자들이 분리
된다. 반면 스멕타이트는 전기적인 자연 응집력에 의
해 그들 사이를 연결한 판들의 상호 연결 네트워크로
구성된 겔 농도를 지니고 있어 모래들이 팽창 점토
속에 남아 있다.

팽창 점토는 빗물의 영향으로 내구성이 좋고 부착
력도 우수하다. 온대기후 지역에서 가장 광범위하게
분포된 점토 일라이트는 판 형태를 보이고, 강한 음
전하를 띠며 그 외 여러 장점이 있다. 또한 팽창이 적
고 부착력은 뛰어나다.

← 실험 1
두 가닥의 구리선이 건전지와 연결되어 스멕타이트 점토 안에 묻혀 있다. 약 30분 후 양극선에 점토 덩어리가 형성되었다. 같은 실험을 카올리나이트에 적용했을 경우 양극선에 점토 덩어리는 모이지 않는다.

a   b

→ 점토로 만든 미용 마스크는 피부의 불순물을 흡착하기 위해 재료의 전기적 특성을 활용한다.

↑ 실험 3
오른쪽에는 짙은 파란색, 왼쪽에는 녹형광색의 두 액체가 스멕타이트 점토와 모래 혼합물 위에 있다. 파란색 액체는 점토를 가로질러 물처럼 맑고 투명한 액체가 걸러져 나온다. 반면 녹형광색 액체는 걸러진 액체가 그대로 녹형광색이다. 그 이유는 무엇일까? 파란색의 메틸렌 액체는 양전하 분자를 가지고 있어 점토 입자판의 음전하가 흡착현상으로 이를 끌어당긴다. 반대로 녹형광색 액체는 음전하를 가지고 있어 아무 일도 일어나지 않는 것이다.

피부에 좋은 흙

점토들은 표면에 있는 몇몇 분자들을 고정시킨다. 예를 들어 오염된 물을 정화해 주기도 하는데, 그것은 물과 파란색 메틸렌으로 이루어진 액체를 모래와 점토 혼합물에 통과시켰을 때 확인할 수 있다.(실험 3) 파란색 물질이 모래와 점토 혼합물에 흡착되어 투명한 물이 걸러진다. 이러한 흡착 현상은 점토 입자판의 음전하와 직접적인 관련이 있다. 물속에서 용해된 양이온이 음전하를 띠는 점토에 매우 쉽게 흡착되는 것이다.

흙은 중성인데 어떻게 점토는 음전하를 가질 수 있을까? 답은 간단하다. 입자판의 음전하들은 물속에 존재하는 양이온들에 의해 항상 중성 상태에 있다. 실험 3에서 파란색 분자들은 점토 입자들 표면에 단순히 흡착되지 않는다. 점토에 흡착되기 전에 양극 이온들을 교환한다. 수많은 산업에 이온 교환 작용이 이용되었다. 이러한 교환 작용으로 점토로 만든 미용 마스크는 피부의 불순물을 제거하고, 재료 안에 포함된 영양물을 주고받는다.

↑ 실험 2
(a) 물속에 카올리나이트와 모래 혼합물이 침전되어 있다. 모래 입자들은 병 아래 부분에 가라 앉아 있다.

(b) 점토의 전기적 특성에 의해 스멕타이트 점토는 물속에서 겔을 형성해 침전된 모래 입자들을 가두어 서로 분리되지 않는다.

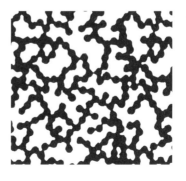

← 겔은 물속에서 견고한 입자들의 망이다. 각 입자들은 약한 전하로 연결되어 있다. 스멕타이트와 같은 팽창 점토는 겔 형태로 존재한다.

점토 겔

반죽을 정확하게 하면 흙 모르타르와 미장 재료가 미끈거리면서
훌륭한 배합을 할 수 있다. 이 반죽은 작업할 때 쉽게 퍼지는 특성이 있어
기술자의 도구로 시공이 용이하다. 이러한 특성은 팽창 점토에서
잘 발생한다. 그 원인을 이해하기 위해서 물을 보유할 때
겔을 만드는 특별한 점토에 대해 살펴보자.

← ↑
실험 1
소금이 약간 섞인 1ℓ 물에 라포나이
트 분말 한 숟가락을 혼합하면 겔이
만들어진다. 그것은 **99%**의 물과 **1%**
의 점토로 이루어져 있다.

머리카락을 위한 점토

라포나이트는 페인트나 화장품에 사용하는 점토다.
물 1ℓ 안에 한 숟가락의 라포나이트 분말을 넣으면
이것은 겔 상태로 바뀐다. 이것은 99%의 물과 1%의
고체 입자로 구성되어 있다.(실험 1) 이러한 재료의 특
이한 상태는 화장품 관련 산업에서 중요하게 활용되
고 있다. 헤어젤은 점토로 되어 있다. 미세한 영역에
서 1nm 두께에 25nm 지름의 입자들로 구성되어 있
다. 물속에서 면들은 서로 반응하고, 입자들의 경계
는 서로 끌어당긴다. 입자들은 액체와 기체에 걸쳐
약한 연결 네트워크를 형성한다.

실험 2
라포나이트 겔은 물과 기름과 같은
보통의 액체와는 다르다. 이 겔이 들
어 있는 용기를 기울여도 표면은 수
평을 유지하지 않는다. 이것은 액체
한계다. 유동성은 수직의 구속 한계
이상의 일정한 각도 이상이 되어야
발생한다.

유리처럼 깨지는 겔

액체와 기체 속 입자들의 점토 덩어리처럼 상호작용
이 약해지고 가역성이 일어나면 미묘한 기계적 특성
이 발생한다. 그러므로 겔은 어떤 구속 상태를 넘어
야 흐르는 특성을 보인다. 이것을 유동 한계라 부른
다. 게다가 물이나 기름과 같은 보통의 액체와 달리
겔은 수평적인 자유 표면이 반드시 적용되지 않으며,
겔이 들어 있는 용기를 기울여도 흐르지 않는다.(실험
2) 그것은 수직으로 작용하는 어떤 응집력에 대응한

다는 사실로 설명할 수 있다. 쌓여 있는 층들의 단면
과 같은 액체의 흐름을 자주 사용한다. 그러므로 라
포나이트 겔은 고체와 같은 속성이 있기도 하다. 예
를 들어 색상이 있는 액체를 겔 속으로 주입하면 유
리와 같이 깨진 것처럼 보인다.(실험 3) 이러한 작용
은 점토 입자들 사이의 약한 연결 네트워크와 관련이
있다. 주입된 색상이 있는 액체는 이 연결 네트워크
를 파괴한다.

실험 3
라포나이트 겔 속에 약간의 점착력이 있
는 액체를 주입하면 그것은 지각의 단층
을 연상시키듯 수직면을 따라 퍼져 나간
다. 겔은 마치 깨진 유리처럼 보인다.

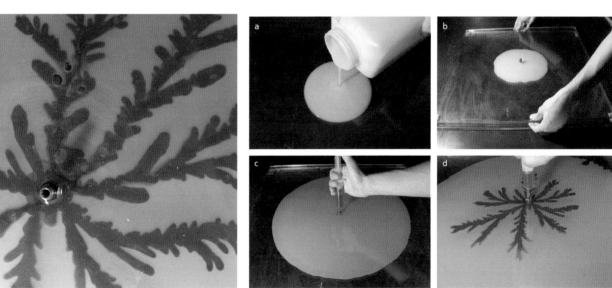

실험 4
스멕타이트 겔(a)을 두 개의 유리판 사이에 넓게 펼치면, 크레페 형태가 된다(b).
위쪽의 유리 중앙 구멍을 통해, 색이 있는 약간의 점착 상태의 액체를 겔 속에 주
입할 수 있다(c). 이 액체로 나무 모양의 프랙탈 도형을 만들 수 있다(d).

요쿠르트의 특성

점토의 약한 연결 네트워크는 외부의 영향으로 지속되기도 하고 붕괴되기도 한다. 이때 점토 반죽의 점착력, 가장 일반적으로 흙미장과 흙모르타르의 점착력이 바뀌게 된다. 예를 들어 휴식 상태의 점토 반죽은 젤라틴과 같이 점점 굳어지는 성질이 있다. 그것은 입자들이 서로 약한 결합 상태를 형성하려 하기 때문이다.(실험 5) 묽은 점토 반죽을 몇 시간동안 밀폐된 용기에 놓아두면 건조하지 않아도 응고된다. 그래서 점토 반죽은 흘러내리지 않아 용기를 기울일 수 있고, 거꾸로 뒤집어 놓을 수도 있다. 하지만 용기를 흔들면 응고된 점토 반죽은 액체와 같이 다시 유동 상태로 바뀐다. 입자들 사이의 약한 결합 상태의 연결이 붕괴된 것이다. 이러한 현상은 몇 숟가락만으로도 유동성이 생기는 요쿠르트와 비교할 수 있다. 우리는 이러한 것을 유동 액체라고 한다. 이것들은 가장 빨리 흐르고, 가장 유동성 있는 재료들이다.

일반적으로 점토는 산업 분야에서 유동 액체로 활용된다. 예를 들어, 기계로 암반을 굴착할 때 발생한 파편 조각들을, 점토로 된 유동액체를 흘려보내 지표면으로 올라오게 한다. 반대로 휴식 상태의 점토는 벽의 붕괴를 막고 고정시키는 차수벽의 재료로 사용한다. 또한 점토는 페인트에 첨가해 페인트가 심하게 흐르는 것을 방지해준다. 페인트를 롤러로 칠할 때 점토는 유동성이 있지만, 페인트를 칠한 후 건조 과정에서 휴식 상태에 있을 때는 응고되어 페인트가 흘

실험 5
액체 상태의 점토 반죽이 밀폐된 용기 안에 있다. 이 점토 반죽은 움직임이 없는 휴식 상태에서는 약한 결합 상태를 형성한다. 점토 반죽은 흐르지 않고 응고된다. 이렇게 응고된 점토 반죽의 약한 결합 상태는 용기를 흔들면 붕괴되어 다시 흘러내릴 수 있는 액체 상태가 된다.

러내리는 것을 방지해준다. 이와 같은 이유로 흙미장이나 흙모르타르는 시멘트 미장보다 바르기가 좋다.

농도가 진한 유동 액체는 묽은 유동 액체와 완전히 반대로 작용한다. 물질이 휴식 상태에서는 액체지만 반죽과 같이 물질이 움직이기 시작하면 굳어버린다. 이러한 현상은 옥수수 분말과 물을 혼합했을 때 잘 나타난다.(실험 6) 또한 가는 모래에 물이나 시멘트 반죽을 가득 채우고 매우 빨리 흘려 보내면 이것도 농도가 진한 유동 액체와 같은 성질을 갖는다.

작업하기 쉬운 흙미장

흙미장은 어떤 다른 재료들보다 작업하기 좋다. 흙미장을 할 때 느껴지는 편안함은 유동화 작용에 의한 것이다. 버터를 바를 때와 같이 흙모르타르는 흙손으로 미장할 때 유동성이 좋아진다. 미장공 손의 힘에 으깨지기 쉬운 단단한 반죽과 달리 작업이 용이하다. 그래서 작업을 용이하게 하기 위해 시멘트 콘크리트에 스멕타이트 점토를 첨가하기도 한다.

실험 6
옥수수 가루에 물을 혼합해 반죽한다. 그리고 이것을 정지 상태에서 가만히 놓아두면 넓게 퍼진 액상 형태가 된다. 이것을 손으로 반죽하면 순간적으로 단단해져 조각조각 부서지는, 상대적으로 단단한 덩어리를 얻을 수 있다. 이 덩어리를 실험대 위에 놓아두면 다시 액화되어 흐를 수 있게 된다.

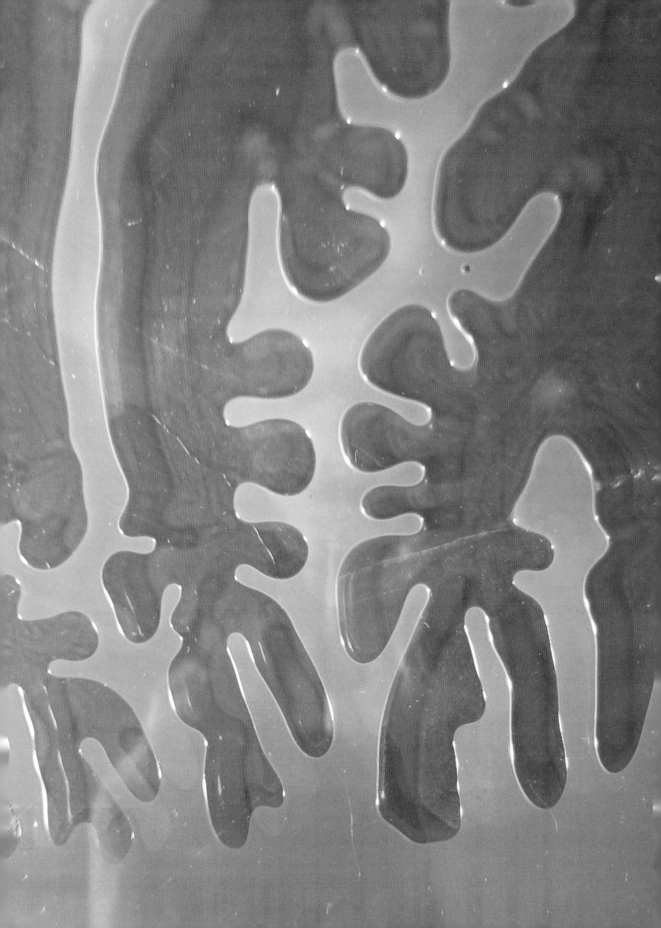

흙의 신기술

오래전부터 흙건축은 지리적 위치와 사회적 요구에 다양한 방식으로 적응해왔다. 따라서 재료 개선을 위한 변형이 전혀 필요하지 않다. 반면 오늘날 시멘드, 콘크리트와 같은 산업화된 건축 재료는 심각한 환성문제를 일으키고 있어 대안이 필요한 실정이다.

그렇다면 과연 점토가 건축 재료의 대안이 될 수 있을까? 점토는 물리·화학적으로 중요한 물질들로 이루어져 있어 부가가치가 높은 액정이나 나노 복합 재료와 같은 복잡한 재료를 만들 수 있다. 그렇다면 점토로 지속 가능 개발에 적합한 새로운 건축 재료도 만들 수 있을까?
점토를 이용하면 시멘트 콘크리트와 흙의 다양한 응용이 모두 가능하다. 지속 가능 개발을 위한 건축의 부가적 도구가 될 흙을 바탕으로 한 흥미로운 신기술에 대해 알아보자.

← 예술가 엘리자베스 브로르Elisabeth Braure는 유리판 위예 점토를 이용해서 작품을 만든다. 액체로 된 필름은 대성당의 스테인드글라스를 연상하게 하는 투명한 빛을 담는다.

3

미세한 규모에서 일어나는 작용

점토는 물과 섞이면 바로 진흙이 되기 때문에 여러 가지 방법으로
흙이 빗물에 잘 견딜 수 있게 개량한다. 균열 없는 재료를 얻기 위해
흙에 모래나 골재를 첨가하거나, 시멘트나 석회 혹은
점토의 화학적 성질을 바꾸기 위해 사용하는 촉진제 등의 광물복합체들을
흙에 혼합하는 등 고체 상태의 물질을 이용하는 방법이 있다.

액체 상태의 물질에도 이 방법을 적용할 수 있을까? 몇몇 연구가들은
액체 상태가 재료의 품질에 영향을 미치지 않는다고 말하지만 물질의
성분에 따라 흙재료는 완전히 변한다. 즉 순수한 물과 소금물은
전혀 다른 흙재료를 만든다. 그러나 액체 상태의 물질을 이용하는 방법이
고체 상태의 물질을 이용하는 것보다 간단하고 에너지 소비가 적다.

점토판과 물속에 용해된 분자들 사이의 상호작용을 관찰하면
물이 흙에 미치는 영향을 알 수 있다. 이 미세한 영역에서 일어나는 작용은
흙을 콘크리트처럼 유동성 있는 재료로 만들어준다. 이 장에서는 앞으로
발전 가능성이 높은 흙재료의 신기술을 소개한다.

액체 상태에서 벽에 부어 만든 이 흙벽은 색상을 제외하면
시멘트 콘크리트의 모습과 유사하다. 흙벽의 표면에는 거푸
집의 나뭇결 무늬 자국과 기포들이 남아 있다.

액체의 변화

지금까지 흙건축가들은 흙을 반죽할 때 물의 영향에 크게 관심을
보이지 않았다. 하지만 점토들을 다양한 상태의 물
(순수한 상태, 소금, 산성, 염기성)과 혼합해보면 물의 성분에 따라
반죽 덩어리가 다르게 나타난다는 것을 알 수 있다.
서로 다른 액체 속에서 점토들이 어떻게 작용하는지 살펴보자.

물과 기름

물과 점토의 혼합과 기름과 점토의 혼합은 완전히 다
르다. 예를 들어 순수한 물에 녹점토 한 숟가락을 넣
으면 전체 부피의 대부분을 차지할 정도로 팽창한다.
반면 기름 속에 녹점토 한 숟가락을 넣으면 녹점토는
전체 부피의 1/10도 차지하지 못한다. 이 실험은 점
토가 음전하 때문에 물속에서 팽창한다는 사실을 보
여주며, 이것은 점토판과 액체 사이의 상호작용에 의
한 것이다.(실험 1)

소금물

소금물에서는 어떤 작용이 일어날까? 물속의 소금 성
분이 늘어날수록 녹점토의 팽창은 줄어든다.(실험 2)

나트륨 염화물 원자들은 물속에 계속 존재하지만 물
분자에 의해 서로 나뉘어 나트륨이온(Na^+)과 염화이
온(Cl^-)의 개별적인 형태로 남아 있다. 작은 전기전하
로 구성된 이 이온들은 물속에서 점토 입자들의 전기
전하와 반응한다. 이 이온들은 음전하 상태고, 나트
륨 이온(Na^+)은 팽창을 억제한다. 점토 반죽에 미치는
소금의 영향은 다음 장에서 더 자세히 살펴볼 것이다.

산성물과 염기성물

염도와 산도 같은 요소는 물과 점토 혼합물의 특성을
변화시킨다. 점토에 산성물(염화수소 용해)을 첨가하면
점토는 소성 상태가 되고,(1.a) 염기성물(수산화나트륨
용해)을 첨가하면 액상 상태가 된다.(1.b)

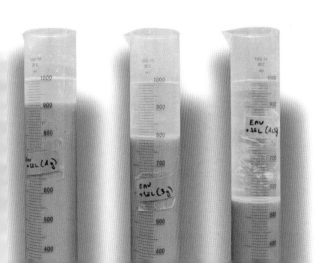

→
실험 1
물이 담긴 용기(왼쪽)와 기름이 담긴 용기
(오른쪽)에 각각 녹점토 100g을 넣었다.
점토는 물이 담긴 용기에서는 거의 모든
부분을 차지할 정도로 부피가 팽창하지만,
기름이 담긴 용기에서는 팽창하지 않는다.

←
실험 2
물속에 소금의 양이 늘어날수록(왼쪽에서
오른쪽) 녹점토의 팽창은 줄어든다.

유동 상태의 차이점을 이해하기 위해서는 점토판의 미세한 물질을 관찰해봐야 한다. 점토 반죽은 산성과 염기성 상태에서 두 가지 유형으로 나타난다. 산성물 속에서는 점토판의 가장자리와 면들이 서로 연결되어 있고, 느슨한 구조로 응집된다.(2.a) 산성은 점토와 물의 혼합을 액화시키는 데 방해가 되는 물을 가둬두는 역할을 한다. 반대로 염기성 물속에서 점토판은 휴식 상태에 있고, 이들 틈 사이에 존재하는 물은 모든 응집을 분산되게 한다.(2.b) 이러한 특성 때문에 점토 반죽을 액화시킬 때는 염기성 물을 사용한다.

이러한 응집과 분산 현상은 아직까지 연구가 많이 이루어지지 않았다. 점토판에서 물과 반응이 가장 활발히 일어나는 곳은 점토의 모서리 부분이다. 면에 비해 차지하는 부분은 작지만 가장 중요한 역할을 담당한다. 모서리는 수소이온지수(pH)에 매우 민감해 산성에서는 양극을 띠고, 염기성에서는 음극을 띤다. 이에 반해 면은 늘 음극을 띤다. 따라서 산성에서는 양극인 가장자리와 음극인 면이 서로 잡아당기고(3.a), 염기성에서는 입자들이 전부 음극을 띠기 때문에 서로 밀어내는 힘으로 골재가 부서진다. 이것이 바로 산성지수가 높은 물속에서 점토가 느슨하게 응집되는 이유다.

원자 단위로 더 자세히 알아보자. 산성에서는 양전하가 몰려 있는 점토판 가장자리에 수소이온(H^+)이 화학적으로 결합한다.(4.a) 반대로 염기성에서는 가장자리에 음전하가 몰려 있어 수소이온(H^+)이 가장자리에서 분리되어 수산화 이온수소이온(OH^-)과 반응해 물분자를 형성한다.(4.b) 소성 상태의 점토와 액상 상태의 점토는 이러한 원자 규모의 미세한 변화에 기인한다.

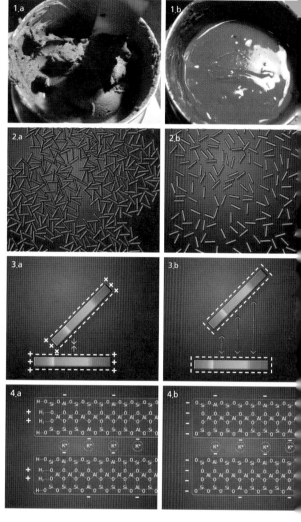

(1.a) 이 점토는 물에 산성염화수를 넣어 만들었다. 산성을 띤다.(pH=5)

(1.b) 이 점토는 물에 수산화나트륨을 넣어 만들었으며 매우 액화된 상태다. 염기성을 띤다.(pH=10)

(2.a) 더 작은 단위로 보면, 산성에서는 점토들이 수백 개의 판으로 이루어진 골재가 된다.

(2.b) 반대로 염기성에서는 점토들이 모두 분산된다.

(3.a) 마이크로미터 단위로 보면 점토판의 양극을 띠는 가장자리와 음극을 띠는 면이 서로 끌어당긴다.

(3.b) 염기성에서는 가장자리가 음극이 띠어 판들이 서로 밀어낸다.

(4.a) 분자 단위에서는 일라이트illite라 불리는 점토판이 산소원자, 규소, 알루미늄으로 구성되어 있다. 이 판들 사이에 있는 칼륨이온이 점토판의 과도한 음전하를 상쇄한다. 산성에서는 수소이온이 양전하가 몰려 있는 가장자리에 결합한다.

(4.b) 염기성에서는 수소이온이 사라진다. 가장자리가 음극을 띠기 때문이다. 차이는 매우 미세하지만 점토는 매우 다른 모습을 보인다.

순수한 물과 용해된 물

→ 두 이온의 결정색이 다를 때 이온 구성의 분해 현상을 관찰할 수 있다. 예를 들어 적갈색의 뾰족한 플루오레세인 분말이 물속에 침전하면 물속에서 입자들 뒤로 녹색 꼬리 모양이 늘어진다. 분말이 흐를 때 물 분자는 플루오레세인을 음이온과 양이온으로 나눈다. 이러한 현상은 녹색 플루오레세인을 만들어내고 그것은 액체를 물들인다.

대부분의 액체에는 미세하게나마 어떤 물질들이 용해되어 있기 때문에 순수한 상태의 액체는 상당히 드물다. 예를 들어 바닷물은 물을 함유한 염화나트륨이다. 즉 소금을 구성하는 염화(Cl^-) 및 나트륨(Na^+)이온이 물 분자를 감싼 상태로 구성된 혼합물이다. 또한 강물과 수돗물에도 여러 종류의 이온이 포함되어 있다.

이러한 현상은 물이 가진 놀라운 해리력에 의한 것이다. 물은 자연 상태나 땅속에서 기울어져 떨어질 때, 암석을 파괴하는 과정에서 광물질을 포함하게 된다. 이러한 용해 메커니즘은 암석이 흙이 되는 중요한 과정 중 하나다. 이러한 물의 작용이 없다면 점토는 존재할 수 없다.

소금물

원자 단위에서 물질을 나누는 성질은 물이 가진 극성에서 온다. 물 분자($H2O$)의 원자들 사이의 공유결합은 불균형한 구조를 이룬다. 산소 원자는 2개의 수소 원자보다 공유하는 전자쌍을 끌어당기는 힘이 크다. 그러므로 전자쌍이 산소 쪽으로 치우쳐 산소는 부분적인 음전하를 띠고 수소는 부분적인 양전하를 띠게 된다. 물 분자는 음전하와 양전하를 동시에 갖고 있

으며(a), 두 이온 간의 정전기에 의해 형성된 결정체인 소금을 용해시킨다. 소금 결정이 물속에 잠기면 인접한 반대 전하 이온들이 물 분자를 잡아당긴다. 그로 인해 이온들은 물속에서 나눠지고 이온 입자들이 물 분자를 둘러싸게 된다.(b)

소금, 산성과 염기

지금까지 우리는 물의 산성도에 따라 점토의 반응이 다르다는 것을 알아보았다. 그렇다면 이제 산과 염기는 무엇이며, 소금과 어떤 관련이 있는지 알아보자. 염산(HCl)과 염화나트륨(NaOH)은 바닷물에서 만들어낼 수 있다. 물 분자를 음전하와 양전하로 나눌 수 있다고 생각해보자. 한쪽은 수소이온(H^+)의 양전하고, 다른 한쪽은 수소와 산소가 결합한 형태인 수산화이온(OH^-)의 음전하다. 수소이온에 염화이온을 결합하면 산을 얻을 수 있고, 이것은 염산(HCl)이 된다. 나트륨이온과 수산화이온은 염화나트륨(NaOH)으로 염기성을 만들어낸다. 이 반응은 에너지가 필요하기 때문에 스스로 발생하지 않는다. 예를 들어 에너지는 전지에 연결된 두 전극이 소금물에 잠겨 있을 때 공급된다. 반대로 염산과 같은 산은 염화나트륨과 같은 염기와 섞이면 즉시 물과 소금을 만들어낸다.

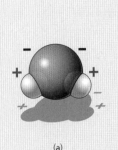
(a)

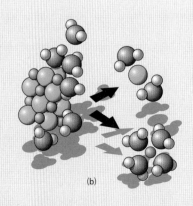
(b)

(a) 물 분자 $H2O$는 1개의 산소원자(적색)와 2개의 수소원자(흰색)로 이루어져 있다. 전자쌍들은 산소원자 쪽으로 더욱 강하게 끌리고, 그 결과 강한 양극과 음극을 띠게 된다. 이러한 쌍극성은 물속에 있는 소금을 쉽게 용해시킨다.

(b) 염화나트륨 $NaCl$은 염화 음이온(녹색)과 나트륨 양이온(파란색)이 연결된 형태다. 결정체가 물속에 잠길 때, 주변 물 분자의 음전하는 나트륨이온을 끌어당기고, 양전하는 염화이온을 끌어당긴다. 마지막으로 각각의 나트륨이온과 염화이온은 물 분자를 둘러싸며, 소금은 용해된다.

소금의 영향

식염수와 같은 용해수 안에 매우 옅은 농도로 용해된
물질을 관찰하면 액체 단계에서 흙재료의 특성이
변하는 것을 알 수 있다. 이 옅은 농도의 혼합물은
물속에서 발생하는 나트륨이온과 점토판과의
상호작용을 통해 점토를 변화시킨다.
이처럼 모든 변화는 미세한 영역에서 발생한다.

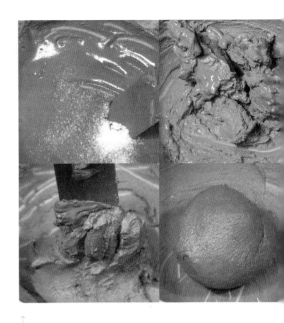

실험 1
액체 상태의 염기성 점토에 소금을 혼합하면 점토 반죽은 소성
상태가 된다. 점토 입자는 물의 작용을 방해하는 공극 집합체를
형성하며 분산 상태에서 응집 상태가 된다.

✏ 마다가스카르의 베치보카Betsiboka와 같은 큰 강 하구의
느린 물의 흐름으로 떠다니는 점토 입자가 바다로 흘러가면 바
닷물에 있는 소금이 점토를 응집해 침전시킨다.

침전

순수한 상태의 물 안에 떠다니는 점토 입자들의 크기
는 맨눈으로 관찰하기에는 너무 작고, 양도 굉장히 적
다. 그래서 점토의 무게는 거의 없으며, 오랜 시간이
지나야 물속에 침전된다. 그러나 약간의 소금만으로
이러한 상태를 변화시킬 수 있다. 소금을 첨가하면 액
체 안에 퍼져 있는 점토 입자들은 서로 흡착되고, 맨
눈으로 관찰할 수 있는 집합체로 모이기 시작한다. 아
주 작은 집합체로 모인 이 재료의 입자들은 중력이 작
용해 곧 침전되기 시작한다. 이것을 침전 작용이라 한
다. 이렇게 분산 상태에서 응집 상태로 변화하는 현상
은 산성의 소성 상태 점토와 염기성의 액체 상태 점토
사이에서 발생하는 차이에 의한 것이다.

소성 상태의 점토

점토 반죽은 수소이온지수가 염기성일 때 더욱 액체

상태가 된다. 점토판의 표면과 주변이 모두 음전하를
나타내며, 점토 입자들은 서로 반발력을 일으키며 퍼
지게 된다. 이러한 상태에서 약간의 소금을 첨가하면
점토 반죽은 응집되면서 액체 상태에서 소성 상태로
변한다. 그 과정에서 점토 입자들은 집합체가 되며 침
전한다. 소금은 산성과 유사한 효과를 지니고 있으나
물리적인 변화에는 약간의 차이가 있다. 그 이유를 살
펴보자. 인접한 두 개의 고체 표면 사이에는 인력이
존재한다. 이것을 반데르발스 힘이라 한다. 이 힘은
인접한 두 점토판들을 서로 끌어당기게 한다. 하지만
반발력에 의해 입자들은 떨어져 있게 된다. 이때 소금
을 첨가하면 반발력에 의한 현상이 사라진다. 따라서
점토 입자들은 반데르발스 힘에 의해 응집되고 집합
체를 형성하기 위해 침전하게 된다. 반면, 산성의 첨
가로 인해 발생하는 침전은 단순히 정전기에 의한 주

(a)   (b)

←
실험 2
액체 상태의 염기성 점토 반죽을 순수한 물(a)과 소금물(b)에 주입한다. 순수한 물에서는 점토가 퍼지면서 물이 혼탁해진다. 반면 소금물에서는 약간의 점착력이 유지되며 점토가 굵은 선 모양을 나타낸다.

→
실험 3
소성 상태의 점토 덩어리를 순수한 물과 소금물에 각각 담갔다. 소금물에서는 약간의 점착력이 유지되며 덩어리를 형성하나 순수한 물에서는 완전히 해체되어 물속에서 퍼진다.

변의 양전하 사이의 인력으로 발생하는 것이다.

소금과 산성 두 가지 경우 모두 공극이 많아 물로 인해 무너지기 쉬운 골재는 혼합물을 용해시키기 위해 사용할 수 없다. 물이 증발하면 보다 더 많은 공극을 함유하게 되고, 강도가 약해지기 때문에 소금이 많은 흙은 작업할 때 물이 필요하다.

소금물의 구속
물속에서 소금은 점토 입자를 연결시켜 점토가 빗물에 덜 침식되도록 한다. 소금은 물속에서 점토 반죽의 점착력을 보호하지만, 소금이 없으면 점토 반죽은 물속에서 그대로 퍼진다.

소금은 점토의 팽창을 제어하고, 습윤과 건조가 반복할 때 점토의 수축을 막는다. 또한 점토는 소금으로 연결되어 있어 물에 의한 침식에 잘 견딜 수 있다. 이러한 소금의 장점 때문에 흙을 이용해 지붕을 지은 후 방수를 위해 소금을 혼합한 점토층을 사용하는 방식은 많은 나라에서 이용하고 있다.

해성 점토의 위험성
해성 점토는 지반이 불안할 때 단단한 상태에서 많은 양의 액체 상태로 변할 수 있는 물을 함유하고 있다. 그래서 가끔 거대한 지반의 침하로 약간의 경사가 발생하기도 한다. 1978년 봄, 노르웨이의 리사에서 지반이 갑자기 액체 상태가 되면서 33ha의 거주 지역을 앗아간 일이 있었다. 이 참사는 해성 점토들의 상태가 변하면 지반 환경이 급격히 변할 수 있다는 것을 보여준다. 침적물은 대륙의 상승 운동으로 표면으로 다시 올라온다. 그리고 침적물이 건조되면 소금이 침적물 사이의 점토 입자들을 전기적으로 연결해 침적물은 안정된다. 하지만 빗물이 점차 소금을 씻어 내려 점토 침적물은 불안정한 상태가 되고 이는 지반의 침하로 이어진다.

삼투압 대 반데르발스 힘

삼투압

점토는 순수한 상태의 물 안에서 삼투압 현상을 통해 팽창하고 퍼진다.

삼투압은 무엇인가?

삼투압은 열역학 법칙에 기초를 두고 있다. 액체 안에 용해된 모든 물질은 최대한 균일한 상태가 되기 위해 확산되어 혼합하려는 경향이 있다. 아래 그림과 같이 U자 형태의 튜브가 있다. 왼쪽에는 순수한 물이 있고, 오른쪽에는 소금물이 있다. 그리고 반투과성막으로 물은 통과할 수 있지만, 소금은 통과할 수 없도록 나누어놓았다. 농도가 다른 두 용액을 혼합할 수 있는 방법은, 물 이온은 농도가 같은 상태를 유지하려 하므로 삼투압 현상을 이용해 물 분자를 왼쪽에서 오른쪽으로 이동시키는 것이다.

삼투압 현상과 생명

삼투압 현상은 생태계에서 발생하는 특별한 현상이다. 박테리아가 수분 속에 있을 때 물이 들어가면 투과막을 통과하는 삼투압에 의해 세포들이 밖으로 배출된다. 만약 박테리아가 설탕물 속에 있다면 세포 내의 모든 물은 짙은 농도인 외부 환경을 향해 막을 통과할 것이고, 박테리아는 수분을 잃고 죽게 된다. 이와 같은 사실은 일반적으로 잘 알려진 현상이고,

실험 4
달걀에 식초를 떨어뜨리면 산성이 침투하면서 껍질이 부서진다. 달걀의 막에는 액체가 나타나고 계란은 부풀어 오른다. 달걀의 흰자 위는 농도가 높은 물과 단백질의 혼합물이다. 그러므로 달걀 사이에 침투한 식초는 삼투압 현상에 의해 단백질을 용해시킨다. 이는 점토의 팽창과 같은 현상이다.

수천 년 전부터 활용되고 있다. 설탕은 박테리아 증식으로부터 잼을 신선하게 유지하고, 소금은 고기나 생선을 신선하게 보존한다. 또한 우리 몸의 세포는 여러 이온으로 이루어져 있어 순수한 물과 접촉하면 해롭기 때문에 소금을 함유한 생리식염수를 다양한 의학적 용도로 활용하고 있다.

점토의 삼투압 팽창

두 개의 점토판이 순수한 물속에서 마주할 때 음전하는 양전하를 잡아당긴다.(아래 그림 참조) 그것은 점토 입자들의 표면에 있는 다양한 이온의 국부적인 농도의 결과다. 그러므로 물은 용해 농도를 같게 하기 위한 삼투압 현상에 의해 모이고, 그렇게 모인 물은 점토를 팽창시키고 점토판들을 분리한다.

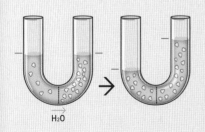

H₂O

← U자형 튜브의 왼쪽에는 순수한 물이, 오른쪽에는 소금물이 담겨 있다. 반투과성막에 의해 물은 통과할 수 있으나 소금은 통과할 수 없도록 나누어져 있다. 그리고 삼투압 현상으로 물이 왼쪽에서 오른쪽으로 이동한다.

→ 물속의 녹점토와 같은 점토의 팽창은 삼투압 현상에 의한 것이다. 점토 입자의 전기전하 표면은 양전하를 잡아당겨 이온 농도의 차이를 부분적으로 발생시킨다. 그러므로 물은 보다 풍부한 이온 환경에서 용해되기 위해 점토들 사이에 침투한다. 그리고 물의 압력 하에 입자판들은 분리된다.

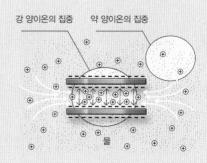

강 양이온의 집중   약 양이온의 집중

물

반데르발스 힘

접착제, 포스트잇, 벽이나 천장에 붙어서 움직이는 도마뱀 같은 곤충에서 찾아 볼 수 있는 일반적인 작용이다. 삼투압 없이 점토 미립자들이 서로 연결되고 응집되는 것은 바로 반데르발스 힘 때문이다.

원자 영역

원자는 중앙의 매우 작은 원자핵(양극)과 주변을 회전하는 전자(음극)로 이루어졌다. 만약 원자의 구조를 사진으로 찍을 수 있다면 전자들이 원자핵의 주변에 불규칙하게 있는 것을 볼 수 있을 것이다. 그러므로 원자에서는 매 순간 뚜렷하게 구별되는 양극과 음극이 발생하는데, 그것은 순간적인 쌍극이다. 두 원자가 나노미터보다 가까운 거리(원자 크기의 10배)에 있을 때, 순간적인 쌍극은 상호작용한다. 자석과 같이 서로 다른 극일 때는 잡아당기고, 같은 극일 때는 서로 밀어낸다. 이 상호작용은 매우 짧은 거리에서 발생하는 인력의 결과이고, 짧은 거리일수록 강한 강도로 발생한다. 또한 이것은 분자 사이에 동동하게 작용하는 반데르발스 힘에 기원한다.(실험 5)

도마뱀붙이의 비밀

도마뱀붙이는 어떻게 천장을 걸어다닐 수 있을까? 도마뱀붙이의 다리를 초정밀 현미경으로 관찰해보니 제곱미터당 인간의 머리털보다 약 20배 정도 가는 털 1만 4000여개로 덮여 있는 것을 발견했다. 이 털의 끝부분은 앞으로 약간 휘어져 수백 개의 0.2㎛ 길이로 나뉘어 있었다. 표면은 거칠지만 나노 크기의 양탄자

로 인해 도마뱀붙이는 재료에 밀접하게 붙어 있을 수 있다. 이처럼 반데르발스 힘은 천장이나 벽에 동물들이 붙어 있을 수 있게 만든다.

점토의 반응

소금물과 염기성에서 점토 입자들의 면과 주변은 동시에 음전하로 덮인다. 그러나 점토들은 서로 밀어내지 않고 붙는다. 그 이유는 다음과 같다. 물속의 소금 농도가 증가하면 삼투압 현상이 줄어든다. 이 소금물의 농도는 액체가 머물러 있는 곳과 점토 입자들 사이가 서로 다르다. 그러므로 삼투압 현상에 의해 순수한 물에서 작용하는 반데르발스 힘은 소금물 사이의 점토 입자들을 서로 연결하고, 그 작용이 반데르발스 힘을 강화한다.

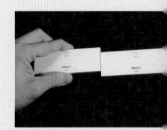

→
실험 5
정확한 측정을 위해 평평한 막대를 사용했다. 이 두 막대 끝의 두 면은 마이크로미터 수준으로 매우 평평하며, 매우 가까운 거리에 도달했을 때 작용하는 반데르발스 힘에 의해 서로 달라붙는다.

↓ 도마뱀붙이의 발바닥(a)은 매우 가는 털(b)로 이루어져 있다. 이 각각의 털은 0.2㎛의 길이(c)에 앞으로 휘어진 형태로 수백 개로 나뉘어져 있다. 그리고 반데르발스 힘에 의해 어떤 물체에도 강하게 붙어 있을 수 있다.

(a)

(b)
(c)

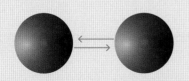

↑ 원자 안에서 전자의 위치는 일정하지 않다. 그 결과 각각의 원자의 양극과 음극은 매 순간 움직인다. 두 번째 원자가 가까운 거리에 근접하면 두 극은 상호작용하며 원자들을 끌어당긴다. 이것은 원자 사이의 거리가 가까워졌을 때 강도가 매우 증가하는 반데르발스 힘의 원리에 의한 것이다.

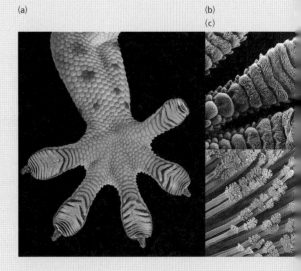

첨가제를 이용한 흙의 유동성 증가

액체 상태의 흙은 유동성은 있으나 건조하는 과정에서 균열이
심하게 발생하기 때문에 건축물의 벽이나 슬라브에는 사용이 불가능하다.
그러므로 건축물에서는 보통 소성 상태의 흙을 사용한다.
이 소성 상태의 흙은 반죽을 혼합하는 작업에서 많은 노동력이 소모되며,
무거운 반죽을 다루기 위한 도구들도 필요하다. 그러므로 물을
첨가하지 않고도 유동성을 높일 수 있다면 콘크리트 작업과 같이
적은 시간과 간단한 도구로 작업은 훨씬 수월할 것이다. 물을 첨가하지 않고도
유동성을 높일 수 있는 한 가지 방법은 시멘트에 사용하는 감수제나
고성능 감수제와 같은 분산제를 첨가하는 것이다.

석회와 시멘트의 점토 침전

현장에서는 흙재료를 강화하기 위해 주로 시멘트와 석회 같은 재료들을 첨가한다. 점토와 석회 사이에 발생하는 화학적 반응은 상대적으로 긴 시간 동안 반응하면서 더욱 견고해진다. 석회는 소금과 비슷하게 점토 입자를 응집시키고, 물속의 석회와 점토는 매우 가는 입자들을 침전시킨다. 이러한 원리를 이용해 예전에는 우물의 물을 맑게 하기 위해 우물 속에 석회를 집어넣기도 했다. 또한 액체 상태의 점토에 석회 개선제를 뿌리면 소성 상태가 된다.(실험 1) 시멘트를 첨가했을 때도 같은 결과가 나오는데, 이는 물속에서 시멘트 분말이 석회와 같은 역할을 하기 때문이다. 그러므로 석회나 시멘트를 첨가한 흙재료를 액체 상태로 작업하기 위해서는 더 많은 물이 필요하다.

고성능 감수제와 자동 수평 콘크리트

분산제는 입자들의 집합체 형성으로 수분 흡수를 가로막는 점토와 같은 시멘트 분말을 분산시키는 역할을 한다. 따라서 시멘트 콘크리트나 세라믹과 같은 산업 재료들을 제조할 때 제품의 질을 향상시키기 위해 분산제를 첨가한다. 이러한 첨가제는 분말들이 응집하지 않도록 해야 하며, 분말 입자의 집합체를 깨뜨려 수분의 이동을 자유롭게 해야 한다. 또한 첨가제를 사용하면 콘크리트는 물을 첨가하지 않고도 유동성이 향상된다. 하지만 점토와는 반대로 시멘트 입자들은 콜로이드가 아니므로 입자들이 급하게 침전될 수도 있다. 이러한 현상을 방지하기 위해서는 약하게 겔화하는 분자들을 혼합물에 첨가하여 요구르트 특성을 가지도록 한다. 첨가제는 건축 과정에서 자동 수평이나 고유동 자기 충전 콘크리트를 만들기 위한 필수 요소로 사용되고 있으며 유동화제, 분산제, 감수제, 고성능 감수제 등으로 불린다.

점토의 분산

점토 반죽은 물속에 용해된 다양한 물질들을 이용해 점착력을 변화시킬 수 있다. 땅의 수소이온농도는 일반적으로 5~7 사이이며, 자연 상태에서 점토는 보통 응집 상태로 존재한다. 이러한 점토에 수산화나트륨을 첨가해 pH가 증가하면 이 집합체는 어떠한 액체를 첨가하지 않고도 응집이 분산된다. 점토의 분산제인 나트륨은 퍼져 있는 점토 반죽을 응집시키는 소금과 석회, 혹은 시멘트와 양립 불가능하다. 반면 석회

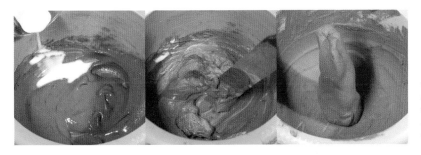

←
실험 1
액체 상태인 점토 반죽에 석회수를 부었다. 물을 약간만 첨가해도 점토가 즉시 응집해 액체 상태에서 소성 상태로 변했다.

로 응집된 소성 상태의 점토 반죽은 콘크리트의 고성능 감수제 첨가로 액체 상태가 될 수 있다.(실험 2) 그래서 흙은 콘크리트처럼 액체 상태의 유동성을 가질 수 있다. 이렇게 만든 흙 콘크리트는 수분 첨가량이 줄어 재료의 높은 밀도를 확보해 건조할 때 균열이 발생하지 않아 강도가 증가한다.

↑
실험 2
석회와 혼합하기 전에 분산제를 첨가하면 점토 반죽은 액체 상태가 된다. 물의 함유량이 매우 적기 때문에 흙은 건조 균열 없이 콘크리트와 같은 액체 상태가 될 수 있다.

실험 결과를 실제 현장에 적용했다. 왼쪽 위에 소성 상태의 흙이 있다. 그 흙의 일부를 오른쪽 아래로 옮겨 약간의 분산제를 첨가하자 흙은 곧 액체 상태가 되었다. 사진 속 두 흙의 물 함유량은 동일하다.

자동 수평 흙 콘크리트

한국 목포대학교 흙건축연구실에서는 현재 시멘트를 사용하지 않는 혁신적인 흙 콘크리트 연구를 진행하고 있다. 지난 10여 년 동안 목포대학교 흙건축연구실에서 새롭게 개발한 콘크리트는 액체처럼 유동성이 좋고 스스로 수평을 맞춘다. 이러한 새로운 콘크리트 기술은 재료의 입자 조성을 완벽히 제어하고 시멘트 분말 분산제 사용으로 가능할 수 있었다. 그리고 이러한 규칙들은 천연 콘크리트인 흙 콘크리트에도 적용할 수 있다.

앞으로는 벽, 슬라브, 바닥을 건축할 때 흙도 콘크리트처럼 유동성 있게 작업할 수 있으며, 흙 콘크리트는 철근을 사용해 견고하게 만들 수도 있다. 또한 전통 방식의 건축가들은 콘크리트 기술을 흙재료에 적용해 효율적으로 작업할 수 있을 것이다.

← 자동 수평 흙 모르타르를 시연하는 장면. 파이프를 이용해 흙 모르타르를 뿌리면 매우 짧은 시간에 수평을 맞춘다.

↑ 건축물을 짓기 위해 레미콘 차량으로 흙 콘크리트를 옮긴 후 철근을 설치해놓은 거푸집 안에 붓는다.

↑ 흙 콘크리트를 다짐봉으로 다진다.

↑ 흙 콘크리트를 미장손으로 펼쳐 수평을 맞춘다.

← 바닥 작업이 모두 끝난 후의 모습이다.

이 건물은 흙 콘크리트를 이용해 시멘트 콘크리트와 같은 방식과 구조로 만들었다. 시멘트를 사용하지 않았지만 시멘트 콘크리트의 특성을 모두 갖추고 있다.

시멘트, 대안은 무엇인가?

시멘트 생산에서 배출되는 이산화탄소 양은 전 세계 배출량의 약 5%를 차지한다.
시멘트를 생산할 때 발생하는 이산화탄소의 60%는 원재료를 높은 온도로
소성할 때 발생한다. 때문에 현재 전 세계적으로 시멘트 제조로 인한 온실가스를
줄일 수 있는 대체 방법을 연구하고 있다.

이 연구들의 대부분은 시멘트 제조에 필요한 재료들(점토, 규산토, 석회암)의
소성에 관해 다룬다. 포틀랜드 시멘트에서 로만 콘크리트, 석회와 혼합한
소성 흙재료 등의 새로운 친환경 콘크리트가 개발되었지만, 이것은 같은 재료에서
동일한 생산물을 얻을 수 있는 방법일 뿐이다. 결국 2000년 전부터 근본적으로
혁신적인 방식은 존재하지 않았다. 석회석으로 인한 이산화탄소 배출 문제와
기후 온난화는 여전히 해결해야 할 문제다.

그렇다면 콘크리트 결합력에 관한 분자 단위의 설명에서 해결 방법을
찾을 수 있을까? 왜 시멘트 분말과 물의 혼합물은 결합력 있는 덩어리를 이루고,
점토와 물의 혼합물은 진흙더미를 형성하게 할까? 이를 이해하기 위해서는
콘크리트의 기계적 특성에서 발생하는 현상을 살펴볼 필요가 있다.

시멘트 1t을 생산하면 이산화탄소 1t이 공기 중으로 배출된다.
1400~1500℃의 높은 온도로 소성하며 사용되는 에너지로 인해 발생하
는 이산화탄소 양이 40% 정도이고, 석회석을 소성할 때 이루어지는 탈탄
산 과정에서 발생하는 이산화탄소의 양이 60% 정도를 차지한다.

시멘트의 역사

수많은 유적지의 흔적에서 드러나는 것처럼 로만 콘크리트는 매우 뛰어난 강도와 내구성을 지닌다. 제조 방법은 포틀랜드 시멘트라 불리는 현대적 시멘트와 큰 차이가 없다. 사실 높은 온도로 소성된 점토와 석회석의 혼합물은 두 재료의 수경성 결합에 바탕을 둔다. 이 혼합물은 소성하지 않은 점토와 석회석 사이에 화학적 반응으로 연결되어 결합하는 흙-석회 복합체와 역사적, 물리·화학적으로 유사성이 있다.

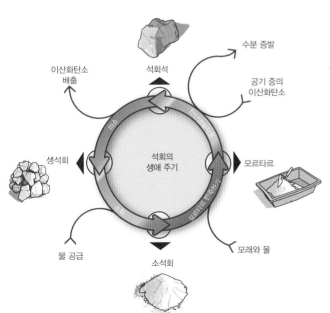

석회 경화체의 생애 주기는 석회석에서 출발해 다시 석회석이 되는 4단계다. 석회석을 높은 온도로 소성하면 공기 중에 이산화탄소를 배출한다. 이 탈탄산은 하소 연결에 의해 생석회를 만들어낸다. 이 생석회를 물속에 넣으면 물 분자의 원자 구조와 합쳐져 소석회가 된다. 이 소석회는 모래, 물과 섞여 모르타르 형태로 건축물 입면에 자주 사용되며, 공기 중 이산화탄소와의 화학 반응으로 다시 석회석이 된다.

석회

몇몇 종류의 암석은 높은 온도로 소성한 후 가루로 만들면 물과 혼합해 응고되는 분말 재료로 변한다. 석고석은 약 150℃로 소성하면 석고가 되는 자연 암석이고, 석회석도 800℃로 소성하면 석회로 변한다. 석회는 가장 오래된 건축 재료 중 하나로 그리스에서는 모래, 물과 섞어 공기 중에서 단단히 굳는 건축 모르타르로 주로 사용되었다. 이 석회 모르타르는 석회와 공기 중의 이산화탄소가 반응해 단단해지며, 이때 계란 껍데기, 분필, 석회석과 같은 탄산칼슘이 만들어진다.

석회는 암석에서 생산되고, 굳으면 다시 암석이 된다. 석회석이 석회를 제조하기 위해 높은 온도로 소성될 때 공기 중에 이산화탄소를 배출하면, 석회는 석회석이 되기 위해 공기 중의 이산화탄소를 다시 되찾아온다. 이러한 이유로 석회는 제조 과정에서 이산화탄소가 배출됨에도 불구하고 생태적 재료로 인식되고 있다.

로만 콘크리트의 비밀

석회의 최종 물질인 석회석($CaCO_3$)은 외부 공기와 접촉할 수 없는 두꺼운 벽의 중심 부분에서는 만들어내지 못한다. 그래서 석회는 건물 외관의 미장 재료로만 제한적으로 사용되었다. 로마인들은 구운 벽돌을 파쇄해 만들어진 모래를 석회 모르타르에 첨가해 성능을 향상시켰다. 따라서 로마인들이 물과 화학적으로 반응해 경화할 수 있는 물질을 최초로 개발했다고 할 수 있다. 그러나 로만 콘크리트 방식은 몇 세기가 지나면 강도와 내구성이 약해진다. 그 원인을 찾기 위해 중세 시대의 지식인과 건축가들이 비트루비우스와 고대 플리니우스의 지침에 따라 구운 벽돌의 파쇄 분말과 석회의 혼합을 시도해봤지만 알아내지 못했다. 시간이 지날수록 강도와 내구성이 약해지는 원인은 바로 온도다. 벽돌(카올리나이트) 제조에 이용하는 점토 입자와 벽돌을 굽는 가마의 온도가 적정 온도보다 낮을 때 문제가 발생한다. 로마인들은 석회와 반응성이 높은 구성물의 최적 상태를 알고 있었다. 그것은 카올리나이트 일종인, 수분이 탈수된 불안정한 비정질의 메타카올린이다. 메타카올린, 석회, 물은 칼슘 실리케이트 수화물CSH을 만들기 위해 반응한다. 이러한 화학적 결합 과정을 포졸란 반응이라 부른다.

포틀랜드 시멘트의 개발

로만 콘크리트 연구는 1818년 프랑스 엔지니어 루이 비카Louis Vicat가 1200℃에서 점토와 석회석을 혼합, 소성하면서 이루어졌다. 1824년 영국의 조셉 파커는 포틀랜드 섬의 천연석과 비슷해 포틀랜드 시멘트라 불리는 새로운 수경성 물질의 특허를 획득했다. 이것이 오늘날의 시멘트다. 시멘트는 물과 반응해 CSH 결합 물질을 형성하는데 이것은 로만 콘크리트에서 발생하는 물질과 동일하다. 생산 방식은 다르지만, 동일한 원재료(석회와 점토)에서 동일한 물질을 만든다.

흙의 반응

석회와 접촉해 포졸란 반응을 하거나 CSH 결합 물질을 만들기 위해 점토를 반드시 소성할 필요는 없다. 석회는 천연 상태의 점토와도 반응하며, 흙재료를 경화하면서 연결되게 한다. 그러나 점토가 높은 온도로 소성되지 않아 반응은 매우 느리다. CSH를 발견하기 위해서는 수개월을 기다려야 하며, 반응은 1년 이상 지속된다. 일반적으로 가장 좋은 강도를 보이는 흙은 카올리나이트이며, 다음으로 일라이트와 스멕타이트다. 물론 흙 속에서 일부 석회는 공기 중의 이산화탄소와 반응하여 탄산칼슘을 형성하지만, 본질적으로

로만 콘크리트는 건축 혁명의 기원이 되는 최초의 수경성 물질이다. 지름 43m의 거대한 돔인 로마의 판테온은 로만 콘크리트로 건설했다.

경화체를 형성하는 방식은 석회와 점토 사이에 일어나는 포졸란 반응에 의한 것이다. 또한 그 방식은 로만 콘크리트, 포틀랜드 시멘트 혹은 석회 고화제의 반응 방식과 동일하다. 점토의 실리카 물질은 수산화칼슘과 반응해 CSH를 형성한다.

포졸란, 석회와 새로운 시멘트

화산흙과 같은 몇몇 자연 상태의 흙에는 석회와 반응할 수 있는
포졸란 광물질이 포함되어 있다. 그리고 포졸란 재료는 잠재적 수화 반응으로
로만 콘크리트를 굳게 만든다. 그러므로 로만 콘크리트 제조법은
조성물에 들어 있는 인공 혹은 자연 포졸란 재료의 품질에 따라 달라진다.
오늘날 수많은 연구자들이 새로운 시멘트를 찾기 위해
이러한 포졸란 반응에 대해 연구하고 있다. 그 내용을 간단히 살펴보자.

화산재

소성 혹은 자연 상태의 점토가 물과의 접촉으로 석회와 반응해 견고한 연결을 형성할 수 있는 유일한 광물은 아니다. 포졸란 반응은 실리카질 물질이 석회와 반응해 불용성의 화합물을 생성하는 것으로 무정형의 무질서한 원자 구조의 실리카와 매우 작은 크기로 구성된 실리카 입자들에서 보다 효과적으로 발생한

다. 이 두 가지 기준에 부합하는 재료들을 포졸란 재료라고 한다. 사실 화산흙은 높은 열로 녹은 후 빠른 속도로 냉각되어 정상적인 원자 구조로 결정화되지 못한 비결정 구조 재료들로 이루어져 있다. 그러므로 화산재와 흙은 진정한 자연 포졸란 재료다.

규조류

규조류는 스스로를 보호하기 위해 실리카 껍질을 만들어내는 해양 세포다. 그리고 규조류는 지구에 인류가 존재하기 전부터 유리를 최초로 생산해냈다. 규조류는 죽으면서 바다 밑에 유해들이 쌓여 규조토라 불리는 거대한 퇴적층을 이룬다. 이 천연의 실리카 재료는 석회와 접촉해 반응하는 포졸란 재료로 시멘트 형태가 된다.

실리카퓸

산업사회에서 발생하는 몇몇 부산물들은 인공 포졸란 재료의 특성이 있다. 실리카퓸은 산업 부산물로 지름이 1㎛ 이하의 다양한 크기의 입자로 구성되어 있다. 이러한 입자의 특성은 고성능 콘크리트를 제조하는 중요한 요소가 된다. 실리카퓸의 접촉 면적

이 넓은 미세한 입자들이 콘크리트의 미세 공극을 채워주고, 시멘트의 수화 반응 과정에서 발생하는 자유 석회와도 반응한다.

식물성 암석

식물성 암석은 살아 있는 식물과 세포 사이에서 실리카 물질의 퇴적으로 만들어진다. 사실 식물은 뿌리를 통해, 식물의 섬유 사이에 규산 형태로 용해되어 침전된 실리카를 얻을 수 있다. 식물에 포함된 식물성 암석의 비율은 자연과 땅의 상태에 달라진다. 예를 들어, 쌀겨는 대단히 많은 식물성 재료로 이루어져 있다. 하지만 이 쌀겨를 태우면 쌀겨의 재는 90% 이상이 무정형 실리카를 포함하게 된다. 이 포졸란 재료는 아시아, 특히 인도에서 시멘트 재료로 재활용된다.

포졸란 재료의 이산화탄소는?

많은 연구자가 시멘트를 대체하고 새로운 에코 콘크리트를 개발하기 위해 로마의 구운 벽돌에서 발생하는 소성 점토와 메타카올린에 대한 연구를 하고 있다. 시멘트의 실리카-칼슘과 동일한 계열 범위 내에 있는 로만 콘크리트, 포틀랜드 시멘트, 석회를 이용한 흙 고화제, 그리고 석회와 관련된 모든 인공 혹은 천연 포졸란 재료들의 목적은 같다. 땅속에 존재하는 천연의 실리카질 재료나 혹은 다양한 산업 부산물들이 석회석에 함유된 칼슘과 반응해 수경성 칼슘 실리케이트인 CSH를 생성하도록 하는 것이다. 포졸란 반응은 석회석을 소성할 때 대기 중에 배출되는 이산화탄소와 반응해 탄산칼슘이 되어 친환경적인 전통적 석회 재료를 대체한다. 하지만 포졸란 반응은 공기 중 배출된 이산화탄소를 다시 회수하지 못한다. 이런 이유로 포졸란 재료들은 포틀랜드 시멘트를 대체하지 못한다. 하지만 포졸란 재료는 포틀랜드 시멘트에 비해 낮은 온도에서 제조할 수 있기 때문에 계속 발전하고 있다.

규조류는 스스로를 보호하기 위해 실리카 껍질을 만들어내는 해양의 작은 세포다. 규조류는 매우 많아서 거대한 퇴적층을 이루며, 매우 훌륭한 포졸란 재료가 된다.

지오폴리머:
로만 콘크리트의 변형

1980년대에 지오폴리머Geopolymer라 불리는 새로운 종류의 콘크리트가 등장했다. 지오폴리머는 제조 과정에서 대기 중에 이산화탄소를 배출하지 않으면서 낮은 온도로도 재료를 만들 수 있는 장점이 있다. 지오폴리머의 제조 원리를 살펴보면 결국 로만 콘크리트의 변형이라는 사실을 알 수 있다.

점토에서 암석으로의 변화

땅 표면을 구성하는 몇몇 광물 암석은 점토로 자연스럽게 변형되어 있다. 예를 들어 화강암의 장석은 카올리나이트가 될 수 있다. 이 과정에서 장석의 삼차원 구조, 알루미노 규산염의 사면체 결합은 점토 특성을 지닌 층상 구조로 변한다. 그리고 다시 점토에서 암석으로 변하는 역작용도 가능하다. 카올리나이트를 450℃에서 메타카올린으로 변화시켜 수산화나트륨과 혼합해 100도 정도로 열을 가하면 응결해 단단한 고체가 된다. 또한 카올리나이트 입자는 시멘트나 다공질 세라믹 특성을 지닌 유리 구조와 같은 삼차원 구조로 축중합 된다. 낮은 온도에서 이루어지는 이러한 점토의 화학적 속성을 지오폴리머라고 한다.

화학의 새로운 영역, 지오폴리머

지오폴리머는 1972년 프랑스 화학자 조제프 다비도비Joseph Davidovits에 의해 개발되었다. 그는 이 콘크리트가 석유의 정제 과정에서 발생한 카본을 기초로 구성된 폴리머에서 얻은 플라스틱과 유사하다 하여 지오폴리머라고 이름을 지었다. 플라스틱을 응집력 있고 단단하게 만들기 위해 서로 화학적으로 결합하는 작은 유기분자에서 만드는데 이것을 폴리머라고 한다. 이와 동일한 방식으로 지오폴리머는 반응이 일어날 때 모든 광물들이 복합체가 되도록 하기 위해 결합한다.

포졸란 반응과 지오폴리머

지오폴리머 반응은 석회와 반응하는 대부분의 포졸란 재료들이 수산화나트륨이나 수산화칼륨의 존재하에서 반응하기 쉽다는 점에서 포졸란 반응과 매우 가깝다. 이 반응은 메타카올린, 식물성 암석, 화산재, 규조류 등의 포졸란 재료와 같은 실리카질 재료를 바탕으로 한 반응성 광물 상태는 유지하면서 수산화나트륨이나 수산화칼륨을 이용해 석회를 대체한 것이다. 지오폴리는 원료의 다양성과 낮은 가격으로 포틀랜드 시멘트의 지속 가능한 대체재로 평가받았다. 그러나 현장에서 다루기에는 위험하고, 유해한 성분이 있어 주의가 필요하다.

고대 지오폴리머: 진실 혹은 거짓

"앙케이트. 인공적 돌로 만든 피라미드, 과학은 여전히 자기 주장만을 견지하고 있다" 2006년 12월에 《과학과 삶》에 실린 이 기사는 이집트 피라미드 건설에 대한 논쟁을 일으켰다. 이 기사는 지오폴리머 콘크리트 개발자인 다비도비 교수에 의해 2002년 9월 방영된 〈그들은 피라미드를 건설했다〉라는 다큐멘터리 내용에 기초한다. 이 다큐멘터리에서는 카올리나이트, 탄산나트륨, 석회를 사용한 지오폴리머 반응이 어떻게 일반적인 상온에서 인공적인 돌을 만들어냈는지를 보여준다. 피라미드에서 가까운 곳에서는 옛날에 나트론(Natron, 천연 탄산나트륨)이라는 자연적으로 조성된 조개 지층이 발견된다. 다큐멘터리 영상에서는 고대인들의 복장을 입은 배우들이 그 당시 상황

을 재현한다. 그들은 흙다짐 방식과 같이 거푸집 안에 습윤 상태의 혼합물을 넣고 다진다. 혼합물은 천연 탄산나트륨과 석회의 반응으로 수산화나트륨을 만들고, 이를 점토와 반응시켜 지오폴리머 시멘트를 만들어낸다. 그러나 이 주장은 과학계에서 받아들여지기 어려웠다. 물론 실제로 고화제를 활용한 흙다짐 방식의 벽돌은 돌과 유사하지만, 고고학자들이 수집한 역사적 자료들은 피라미드의 돌이 크게 잘렸다는 것을 증명한다. 하지만 아직은 피라미드가 인공적인 돌이라는 의견을 반박하기 어렵다. 최근 피라미드 블록의 미세 구조에 관한 연구에 따르면 피라미드의 재료가 자연 석회석과는 화학적으로 미세한 차이들이 나타나기 때문이다.

점토와 시멘트의 유사성과 차이점

흙과 시멘트 콘크리트는 접착력으로 입자들을 결합시킨다는 점에서 유사하다. 흙은 점토, 콘크리트는 시멘트가 접착제 역할을 한다. 흙은 대기 중에서 단순히 건조하는 것만으로도 가역적으로 응고한다. 또한 건조된 흙이 물속에 잠기면 반죽처럼 풀린다. 반대로 시멘트는 비가역적으로 물과 접촉해 경화하지만 점토와 유사한 새로운 입자들을 형성한다.

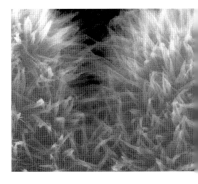

시멘트가 경화한 후에 전자 현미경을 관찰한 결과. 미세한 결정들이 서로 결합하고 있다. 5㎛ 정도의 간격을 가진 두 시멘트 입자에서 결정들이 밀려 있다. 이 결정들은 시멘트 콘크리트를 견고하게 한다.

시멘트 경화

시멘트의 특성은 물에 의해 돌로 변하는 것이다. 시멘트 분말은 새로운 입자를 형성하기 위해 물과 화학 반응을 한다. 시멘트 원자 구조 속에 물 분자를 결합시켜 시멘트에 수화가 일어나도록 한다. 시멘트의 입자들은 변화가 발생하기 전에 어느 정도 구형으로 모인다. 이 입자들이 물과 접촉하면 일부 물이 침투해 용해된다. 미세한 결정들이 입자 표면으로 밀려 나와 고슴도치의 가시를 연상시킨다. 그리고 이 결정들은 서로 이웃한 입자들이 상호 침투할 때까지 성장해 시멘트 입자들의 부피는 2배가 된다. 이렇게 시멘트 반죽은 경화되고 단단해진다. 흙속에서는 점토를 굳게 하는 화학적 변화가 발생하지 않고, 단순히 건조하는 것만으로도 단단해진다.

분리된 재료

1980년 유명한 실험에서 연구자들은 경화한 시멘트 블록을 부수어 얻은 분말을 다시 다졌다. 그것은 단단한 응집력을 재형성했고, 원래 블록과 강도가 동일했다. 경화한 시멘트 블록이 분리된 재료였다는 것 외에는 차이가 없다. 그것의 부착력은 각각의 입자들 사이의 접착 현상으로 연결된다. 그렇다면 시멘트와 흙의 차이점은 무엇일까?

(a) 물

시멘트 입자

물과 결합하기 전의 시멘트 입자

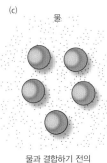

(b) 물 / 시멘트 수화물

불수화 시멘트

결합 후 수화된 시멘트 입자

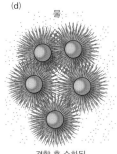

(c) 물

물과 결합하기 전의 시멘트 입자

(d) 물

결합 후 수화된 시멘트 입자

시멘트 입자가 물과 접촉하면 물은 시멘트 입자에 화학적 침투를 한다(a). 그리고 새로운 시멘트 입자들이 수화 반응을 통해 표면에 결정을 만든다. 입자의 크기는 처음보다 2배 커진다(b). 보다 많은 시멘트 입자들이 물에 잠기면 입자들의 상호작용에 의해 결정들은 성장을 멈춘다(c). 그리고 시멘트는 경화되어 단단해진다(d).

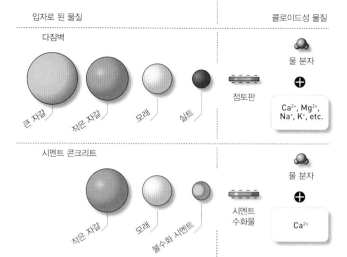

입자로 된 물질 | 콜로이드성 물질

다짐벽

큰 자갈　작은 자갈　모래　실트　점토판

물 분자
+
Ca^{2+}, Mg^{2+}, Na^+, K^+, etc.

시멘트 콘크리트

작은 자갈　모래　불수화 시멘트　시멘트 수화물

물 분자
+
Ca^{2+}

← 흙과 시멘트 콘크리트의 조성을 보면 흙과 시멘트 콘크리트는 굉장히 유사하다. 두 재료 모두 다양한 크기의 입자들로 구성된 입자 재료들이기 때문이다. 흙은 자갈, 모래, 실트로 이루어져 있고, 시멘트 콘크리트는 자갈과 모래로 이루어져 있다. 그러나 시멘트 반죽은 경화한 후에 일부 반응하지 못한 시멘트 입자가 형성되기 때문에 흙과 차이가 있다. 즉, 물과 반응하지 못한 시멘트 입자들이다. 이 입자의 크기는 점토의 실트 입자와 비슷해 골재와 모래 사이를 채우기에 적합한 재료다. 시멘트 반죽은 콘크리트 접착제 역할을 하는 시멘트 수화물로 구성되어 있다. 이것은 점토와 많은 공통점이 있다. 이 시멘트 수화물은 점토처럼 매우 크기가 작아 콜로이드 재료로 분류된다. 이 시멘트 수화물과 점토는 모두 물 분자와 양전하 사이에서 음전하판 형태를 띤다.

↓ 주사전자현미경으로 찍은 이 두 사진은 스멕타이트 팽창 점토(a)와 시멘트 수화물(b) 사이의 유사성을 보여준다. 두 재료 모두 판 구조 형태를 띠고 있다.

시멘트 수화물

시멘트의 경화는 아직까지 완벽하게 밝혀지지 않은 굉장히 복잡한 화학반응이다. 사실 시멘트 수화물이라는 용어는 수화 반응이 발생할 때 생기는 모든 종류의 물질을 포함한다. 이 중 가장 중요한 물질은 이미 앞에서 살펴본 칼슘 실리케이트 수화물CSH이다. 콘크리트의 결합력은 대부분 시멘트의 핵심 접착제라 할 수 있는 수화물에서 발생한다. 이것은 스멕타이트와 매우 유사하다. 이 두 가지 경우 모두 나노미터 두께의 얇은 판이고, 나노미터의 수분막에 의해 나뉘어 있다. 또한 얇은 판의 면은 음전하를 지니며 수분막 안에 포함된 양이온에 의해 평형을 이룬다.

분자 크기의 새로운 경계

이 수화물이 물속에서조차 강하게 흡착하며 경화되는 것에 반해 왜 스멕타이트 점토는 물속에서 팽창하며 분리될까? 스멕타이트는 크기가 작을수록 수화물에 비해 더 잘 확산되어 음전하를 지닌다. 그러나 이 분할된 물질의 표면은 결합력 없는 반죽이 된다. 여기에는 중요한 현상이 있다. 예를 들어, 점토들의 미세한 변화는 분자 수준에서 흙재료의 강도를 현저하게 증가시킨다. 동일한 방식으로 수화물 표면의 상호

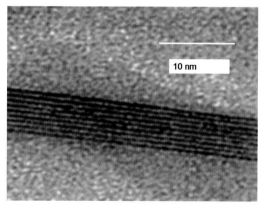

10 nm

작용을 제어한다면 시멘트 콘크리트의 기계적 특성들을 상당히 향상시킬 수 있을 것이다.

자연이 보여주는 사례

얇은 두께에 비해 매우 강한 강도를 가진 계란 껍데기나 우리 몸의 골격을
이루는 뼈의 경우처럼, 자연은 적은 에너지로 재료를 만들어낼 수 있는
탁월한 재능을 지녔다. 자연이 만든 재료들은 높은 온도의 소성 없이
자연 상태에서 형성된 복합물질로 유기물질과 함께 사용하면 보다 견고하게
만들 수 있다. 이러한 자연 재료들은 앞으로 새로운 에코 시멘트를
만드는 데 영감을 줄 수 있다.

어떤 흙재료들은 대기 중의 공기와 접촉하면 돌과 같이 단단하게 굳는다.
이 경화 작용은 시멘트의 경화 작용과 유사하다.
점토는 동물이나 식물의 유기분자들과 함께 자주 사용된다.
이 혼합물은 흰개미의 집처럼 매우 높은 강도를 보이는데,
세계의 흙건축 전문가들은 건축물을 견고하게 만들기 위해 자연 재료들과
유기물질을 함께 사용한다. 예를 들어 약간의 우유와 흙반죽을 혼합하면
시멘트 콘크리트 정도의 강도를 만들 수 있다. 이처럼 흙건축은
아직 밝혀지지 않은 자연 재료들을 활용할 수 있는 혁신적인 분야다.
그러나 아직까지 제대로 연구가 이루어지지 않고 있으며, 합리적으로
활용하지 못하고 있다.

이 흙무더기는 높이가 수 미터에 달하는 되는 흰개미 집이다. 이것의
재료는 흰개미들이 생산하는 자연 물질들로 인해 견고해지며, 빗물에
도 견딜 수 있을 정도의 대단한 강도를 지닌다.

계란 껍데기

왜 시멘트나 석회를 만들기 위해서는 800~1500℃ 사이의 높은 온도로 석회석을
소성해 많은 에너지를 소비해야 할까? 암탉이 계란 껍데기를 만드는 것처럼
일반적인 온도에서는 석회석 시멘트를 제조할 수 없을까? 생태계에는
다양한 식물 혹은 동물성 유기물을 이용해 소성 없이 광물질을 만들어내는
수없이 많은 사례들이 있다. 바이오 광물biomineralisation이라고 알려진
이 재료의 형성 과정은 우리에게 시멘트 제조에 대한 새로운 영감을 줄 수 있을까?

콘크리트의 핵심

암탉은 왜 작은 돌을 주워 먹을까? 닭이 삼킨 돌은 동물의 모이주머니 속에 저장된다. 그리고 모이주머니 안에서는 소화하기 힘든 돌 입자들을 잘게 부순다. 바로 이 돌 입자들이 계란 껍데기를 만드는 데 사용되는 원재료다. 시멘트가 원래는 광물질로 구성된 것과 같은 이치다. 화학조성은 분필이나 다른 석회석과 동일한 탄산칼슘($CaCO_3$)이다. 암탉은 석회석을 소화시킨 후 새로운 석회 물질을 만들어내기 위해 이 돌들을 용해시켜 재결합한다. 석회석 광물질은 새로운 형태의 인공 암석으로 변환되며, 이것은 콘크리트와 같다. 암탉은 그들이 가진 일반적인 체온하에서 이 과정을 거치는 반면 시멘트나 석회는 800℃ 이상에서 원재료를 소성해야 한다.

생물이 만드는 광물

닭이 만들어내는 계란 껍데기는 바이오 광물의 수없이 많은 사례들 중 하나일 뿐이다. 일반적인 온도와 수소이온농도 조건하에서 수없이 많은 유기 생물체들에 의해 다양한 형태의 자연 광물을 만들어낼 수 있다. 우리가 사용하는 유리창의 유리는 모래를 1500℃에서 소성해 만들지만, 규조류는 바다 속에서 실리카 조성의 유리질 껍질을 만들어낸다. 침적 규조류는 동물성 플랑크톤의 일부이며, 몇 마이크로미터 지름의 순수한 실리카 구조를 가지고 있다. 암석 박테리아와 같은 다른 미세한 단세포 해초들은 석회석 규조류를 만들어낸다. 연체동물들은 일반적으로 석회석 껍질을 가지고 있다. 뼈와 이빨은 인간의 몸에서 만들어진 인산칼슘 광물이다.

바이오 광물이 실현할 수 있는 기술들은 화학자들의 관심을 높여 생체 모방을 시도한 연구들을 고취시키고 있다. 규산 형태로 바다 속에서 용해되는 실리카에서 유리가 만들어지는 구조의 사례가 가능하다. 이러한 합성 방식은 몇 세기 동안 인류가 사용해온 방식과는 다르다. 불로 만드는 소성 화학 대신에 물로 만드는 수분 화학이다. 물질들은 상대적으로 낮은 온도와 수분이 많은 상태에서 변환한다. 특히 이러한 화학 방식은 적은 에너지로 새로운 시멘트를 생산하는 데 적용할 수 있다.

박테리아 시멘트

시멘트를 만들기 위한 다른 접근 방식도 있다. 바이오 기술은 시멘트를 생산하기 위해 생물체를 이용한다. 사실 수많은 자연적인 암석은 생물체에서 만들어진다. 예를 들어, 분필은 박테리아들이 무수히 많이 쌓여 만들어진 것이다. 단세포 유기체들이 자연적인

암탉은 어떻게 일반적인 온도에서, 800℃로 소성
해야 하는 석회석 시멘트와 같은 강도의 계란 껍데
기를 만들어낼 수 있을까?

암석을 만들어낼 수 있는데, 왜 이 방식을 새로운 시
멘트 생산을 위해 사용하지 못할까?

자연적인 수소이온농도 상태와 온도에서 광물질로
변환하는 이 놀라운 방식은 우선 돌로 지은 집에 사
용할 수 있다. 역사유적물연구소LRHM에서는 바이오
광물 작용에 의한 건축물 보강 기술에 초점을 맞추
고 있다. 연구소는 바이오 광물 작용의 원리를 이용
해 바실러스 세레우스bacillus cereus 박테리아로 광물의
보호막 역할을 하는 방해석을 만들었다. 최근에는 인
공 사암을 만들기 위해 다른 박테리아를 활용하고 있
다. 또한 네덜란드에서는 현장에서 모래질 흙을 강화
하기 위한 기술들을 개발하고 있다.

바이오 광물 작용

살아 있는 생물체들은 원하는 형태의 광물질을 합성해내는
능력을 갖고 있다. 생물체가 생성하는 돌은 상온에서
최소의 에너지만을 사용해 만들어진다.
새로운 에코 시멘트를 만드는 데 살아 있는
바이오 광물 작용을 활용할 수는 없을까?

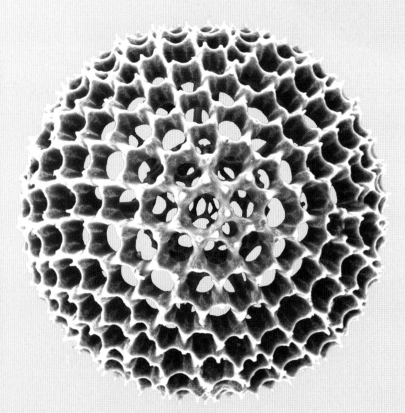

← 바다에 사는 아름다운 유기체인 방상충
의 실리카 구조는 건축의 교본과 같은 구
조다. 오각형과 육각형 구조가 모여 원형을
이루며, 주변에서 평범하게 볼 수 있는 축
구공과 비슷하다.

← ↓ ↘ 규조류는 단일 세포로 이루어진 유기 생물체다. 이 생물체들은 바다에 녹아 있는 실리카를 이용해 매우 미세한 유리 껍질을 만들어낸다.

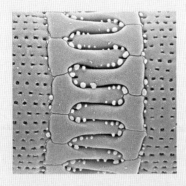

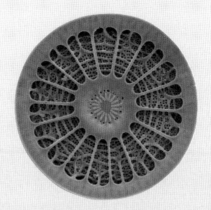

↓ 코콜리드cocolithes는 규조와 비슷한 바다의 해조류다. 이것들은 방해석으로 이루어진 아주 미세한 껍질을 만들며, 거대한 백악층을 형성한다.

돌로 변하는 흙

열대 지방 등 세계 몇몇 지역에 있는 적토는 돌과 비슷하다.
이 흙은 산화철이 풍부해 갑옷처럼 매우 단단한 지층을 형성하고 있다.
이 천연 콘크리트에서 새로운 시멘트를 개발하기 위한 영감을 얻을 수 있을까?

라테라이트

1807년, 영국의 탐험가 뷰캐넌buchanan은 인도에서 공기 중에 노출되면 매우 빠른 시간에 단단해지는 흙을 발견했다. 그 지역 사람들은 이 흙을 블록을 만드는 데 사용했다. 벽돌을 뜻하는 라틴어 'later'에서 유래했으며, 뷰캐넌이 라테라이트라고 이름을 붙였다.

시간이 흘러 라테라이트는 특별한 재료를 뜻하는 의미에서, 중부 열대 지역의 산화철이 풍부한 황토와 적토를 뜻하는 의미로까지 확대되었다. 인도에서 발견되어 현재는 반철질 토양Sols Ferrallitiques으로 불리는 이 흙은, 견고한 형태를 만들기 위해 표면이 공기 중에서 단단해지는 특성이 있다. 단단하게 경화된 흙은 물속에서 풀리지 않으며, 점토와 산화철로 분할된 입자들로 구성되어 있다. 이것은 보통 점토보다 고운 입자 형태를 나타낸다. 이 흙을 유동성 있는 반죽으로 만들기 위해서는 분말 형태로 만들어 물을 첨가해 주면 된다.

플린사이트

철의 기본 조성물은 석고, 알루미늄, 석회, 실리카와 같은 결합 광물에 포함되지 않는다. 철이 풍부한 조성물과 침전하며 시멘트를 만드는 입자들을 얻는 것은 거의 불가능하다. 그러나 단단한 적토들의 경우 산화철이 점토들을 결합시킨다. 그러나 이렇게 단단한 경반층이 형성되려면 수천 년이 걸린다. 따라서 경화 시간이 짧아야 하는 현장의 적용에는 어렵다.

플린사이트는 매우 특별한 성질의 재료로, 공기 중에 노출되면 시멘트가 경화하는 것처럼 급속히 단단해진다. 벽돌을 뜻하는 그리스어 'plinthos'에서 유래했으며, 뷰캐넌에 의해 '플린사이트plinthite'로 불리게 되었다.

산화철을 이용한 점토의 결합

플린사이트의 경화는 산화환원 반응이라 불리는 화학 반응 과정과 관련이 있다. 사실 이산화철은 삼산화철에 비해 매우 잘 용해된다. 이산화철은 공기와 접촉해 삼산화철로 변한다. 용해된 성분들의 결정화 작용은 흙 속에 있는 점토들을 결합시킨다. 열대 지방의 흙 전문가 이브 타르디Yves Tardy에 의하면 지구 표면의 3분의 1이 라테라이트 흙으로 되어 있고, 인구의 절반이 라테라이트 흙 위에서 살고 있다고 한다. 따라서 플린사이트의 특별한 경화 방식이 산화철이 풍부한 흙에서도 발생할 수 있는지는 앞으로 연구할 만한 가치가 있는 문제다.

↗ 플린사이트는 매우 특별한 흙이다. 이 흙은 상대적으로 부드럽고 약한 상태지만, 공기 중에 노출되면 단단하게 경화되어 건축에 사용할 수 있는 벽돌 형태로 손쉽게 만들 수 있다.

→
실험 1
이 흙은 단단한 열대 지방의 흙인 경반층이다. 라테라이트라 불리는 한 덩어리 흙을 망치를 이용해 가루로 만들었다. 이 흙가루는 물과 혼합하면 점성이 있는 점토 반죽이 된다. 이 흙은 분할된 재료로, 본래는 미세한 점토와 산화철로 구성되어 있다.

진주층, 점토, 바이오폴리머

과학자들은 진주층의 구조와 견고성에 오랫동안 관심을 가져왔다. 그리고 마침내 2003년 점토 입자와 유기분자 등을 혼합해 인공적인 방식의 진주층을 만드는 데 성공했다. 이 연구 결과들은 흙을 강하게 만들기 위해 동물이나 식물에서 발생하는 물질들을 첨가하는 수많은 전통 방식을 새롭게 조명했다.

흰개미 집
몇몇 흰개미 종은 그들의 배설물과 타액 같은 천연 물질과 흙을 혼합해, 빗물에 견딜 수 있고 내구성 있는 7m 높이의 거대한 구조물을 짓는다. 사람들은 이러한 방식을, 비에 영향을 받지 않는 흙미장에 활용한다.

1001가지 방식
흰개미 집의 비밀은 비교적 간단하다. 흙은 유기분자에 의한 점토의 물리적 부착으로 견고해진다. 생물체에서 얻은 물질을 흙에 첨가하는 이러한 방식은 건축 장인이 주로 사용했다. 식물에서 얻는 유기물질에는 파이버(볏짚과 건초), 낟알, 과일, 나뭇잎, 껍질, 고무, 수지, 옻, 수액, 라텍스, 기름, 유지, 밀랍, 해초, 타닌 등이 있다. 그리고 동물에서 얻는 유기물질에는 우유, 계란, 피, 뿔, 뼈, 굽, 피부, 기름, 유지, 밀랍, 털, 머리털, 배설물 등이 있다.

준비 단계
이 방식들 중 몇 가지는 사전에 구성 성분들에 몇 가지 처리를 해야 한다. 사실 유기 재료는 매우 조직화되고 계층화되어 있다. 그래서 흙을 강하게 할 수 있는 분자들은 직접적으로 사용하지 못하는 경우가 많다. 예를 들어 셀룰로오스는 식물의 중요한 구성 성분으로, 세포벽으로 형성되어 있다. 나무나 볏짚의

셀룰로오스 분자들은 복잡한 구조 속에서 복잡하게 연결되어 있다. 그래서 이것들은 점토와 상호작용할 수 없다. 며칠 동안 볏짚이 부패하도록 흙 속에 놓아두면 매우 널리 퍼진다. 파이버는 부분적으로 조직 구조를 상실하며, 셀룰로오스가 점토 입자들이 점착할 수 있도록 분비물을 생성한다.

접착 물질
셀룰로오스와 같이 장인들이 선택해서 사용하는 몇몇 유기 재료들은 물속에서 겔을 형성해 점토들을 부착시켜 흙을 강하게 만든다. 이것은 농도를 짙게 만들어 겔화하는 첨가제 역할을 한다.(실험 2, 3) 이 분자들에는 두 가지 특성이 있다. 우선 분자들은 점토판을 고정하고 연결할 수 있을 정도의 충분한 길이를 가졌다. 그러므로 매우 큰 매크로 분자들이라 할 수 있다. 그리고 표면에 약한 전기전하가 있다. 이와 같은 두 가지 특성은 다당류계(셀룰로오스, 전분, 팩틴, 점액, 고무, 해초)와 단백질계(카제인, 콜라겐, 젤라틴)에서 나타난다. 이러한 분자들은 흙의 접착력을 개선하는 데 매우 효과적이다.

↑
실험 2
칡의 한 종류인 브루키나파소의 부누vounou의
뿌리들을 돌로 분쇄해 물에 담았다. 순식간에
뿌리는 반투명한 고분자 용액 형태로 풀린다.

↑ 높이가 수 미터에 달하는 거대한 개미집들은 바이오폴리머와
흙을 혼합해서 만들어졌다. 이 개미집들은 생태 재료를 이용해 강
도와 내구성이 뛰어난 건축물을 만들 수 있다는 예를 보여줌과 동
시에 생물 기후 건축의 전형을 보여준다. 사실 이 흙건축물은 태양
에 최소로 노출되기 위해 얇은 판 형태로 남북축을 향하고 있다.

→
실험 3
부르키나파소의 식물인 푸가Fouga의 마른
나뭇잎에 물을 부으면 즉시 반투명의 젤 형
태로 변한다. 이 천연 접착제는 흙미장 재
료를 만들기 위해 흙과 혼합한다.

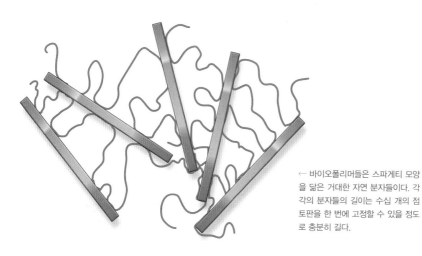

← 바이오폴리머들은 스파게티 모양
을 닮은 거대한 자연 분자들이다. 각
각의 분자들의 길이는 수십 개의 점
토판을 한 번에 고정할 수 있을 정도
로 충분히 길다.

실험 4
물속에 두 개의 흙덩어리가 있다. 왼쪽의 흙덩어리는 순수한 흙으로 구성되어 있어 물에 재빨리 풀리고, 오른쪽의 흙덩어리는 계란 흰자가 첨가되어 있어 물속에서도 결합력을 잃지 않는다.

야누스와 계란 흰자

분자 재료들은 가끔 별도의 처리 없이 점토와 결합하기 위해 직접 사용하기도 한다. 90%의 물과 10%의 고분자로 구성된 계란 흰자가 이런 경우다. 계란 흰자는 점토들을 매우 강력하게 연결한다. 그래서 중세 시대 동안 물에 잘 견디고 강도와 내구성이 높은 흙 미장 재료를 만들 때 자주 이용했다. 또한 그림의 결합재나 니스로도 사용되었다. 계란 흰자의 주요 단백질은 알부민이다. 이것을 흙과 섞으면 단백질 접착제가 점토들을 연결시킨다. 그래서 계란 흰자와 혼합한 흙블록은 물에서도 결합력을 잃지 않는다. (실험 4)

계란 흰자가 점토를 결합하는 유일한 재료는 아니다. 소수성 처리가 된 재료들은 계란 흰자와 비슷한 역할을 할 수 있다. 사실 알부민 단백질은 야누스처럼 두 개의 얼굴이 있다. 단백질 고분자의 일부분은 친수성 성질이 있고, 다른 부분은 소수성 특성을 띤다. 그래서 알부민은 양친매성amphiphile 재료라 부르며, 이러한 특성은 계란의 흰자를 저어 거품을 내는 요리에 유용하게 활용된다. 흙에서는 일부 친수성 분자는 물 분자의 얇은 층에 의해 덮인 점토 입자들을 흡수하고, 일부 소수성 분자는 외부에 그대로 남아 있게 된다. 그러므로 외부 공기와 접촉하는 표면에는 얇은 막이 형성되어 물의 침투를 막는다. (실험 5)

견고한 조직을 구성하기 위한 점토들의 분산

점토들이 분산 상태에서도 강하게 접착했을 때와 동일한 효과를 나타낼 수 있을까? 이를 알아보기 위해 점토들을 분산시켜 보았다. 점토들이 분산되면 집합체들은 각각의 입자 판의 층으로 흩어진다. 그러므로

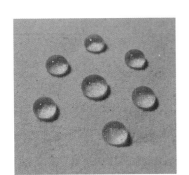

실험 5
이 모래는 계란의 흰자와 혼합해 건조시킨 후 분쇄해 가루로 만든 것이다. 작은 진주 형태로 물방울이 표면에 맺힌다. 이것은 계란 흰자의 알부민 단백질 분자에 의한 소수성 특성을 보여준다.

→ 계란 흰자와 혼합된 이 흙덩어리는 소수성이 된다. 물방울이 흙덩어리 내부로 침투하지 못하고 외부 표면에 진주 형태로 남아 있다.

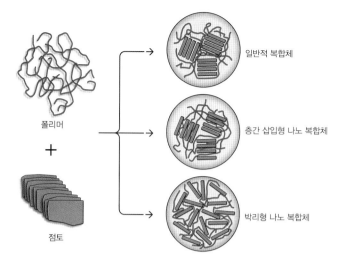

폴리머

+

점토

일반적 복합체

층간 삽입형 나노 복합체

박리형 나노 복합체

점토 입자와 바이오폴리머를 혼합하면 유기 고분자들이 점토판 집합체를 둘러싸고 생성되는 복합체를 일부 얻는다. 미리 점토판 집합체를 분산시키면 각각의 유기 고분자 재료가 점토판을 둘러싸게 되어 복합체는 보다 강한 강도를 얻을 수 있다. 마지막으로 이 점토판 집합체를 박리시킬 수 있다면, 다시 말해 점토판 집합체의 층 하나하나가 박리되어 있다면 각 층 사이에 유기 고분자들이 삽입되어 고강도의 나노 복합체를 얻을 수 있다.

재료는 유동성이 더욱 좋아진다. 이러한 작용은 작업에 필요한 물의 양을 줄여 건조 후의 공극율과 균열을 감소시킨다. 그러므로 기계적 강도는 증가하게 된다. 한편 고성능 콘크리트에 첨가하는 고성능 감수제는 시멘트 입자들을 분산시킨다. 이것은 흙재료의 점토에서도 동일한 역할을 한다.

어떤 유기분자들은 단지 점토를 분산시키는 작용만 한다.(오른쪽 그림) 우리는 점토 입자들이 표면의 음전하와 가장자리의 양전하 사이의 연결로 인한 표면 접촉을 통해 느슨한 형태로 응집되어 있다는 것을 알고 있다. 그러므로 가장자리 양전하 흡착에 의해 고정된 점토 집합체를 분산하기 위해서는 약간의 음전하 유기분자만을 주입하면 된다. 그러면 점토판들은 완전히 음전하 상태가 된다. 일반적으로 성능이 우수한 유기 분산제는 분자의 크기가 작고, 표면 전하의 밀도가 높게 나타난다. 셀룰로오스, 리그닌, 전분이나 유기산, 부식산, 타닌 등에서 추출하는 물질들이 그 예다. 이 분산제들 중 몇몇은 안정화를 위해 석유 시추에 이용하는 점토에 첨가하기도 한다.

점토-폴리머 나노 조성물

흙에 유기 첨가물이 첨가되면 폴리머가 강화제 역할을 하는 반면 점토는 매트릭스의 역할을 한다. 복합물은 매트릭스와 비교해 극히 적은 양이 나타나며, 여기서 얻은 재료는 합성 재료다. 즉, 다양한 재료에서 보완적 특성을 갖는 수많은 조성물의 혼합이다. 1987년 토요타는 폴리머보다 기계적 특성이 우수한 점토-폴리머 나노 조성물을 개발해낸다. 이 새로운 재료의 생산 원리는 간단하다. 폴리머에 혼합된 점토판들을 분산시킨다. 재료의 구조는 흙재료와는 반대다. 플라스틱 매트릭스 안에 적은 양의 점토가 첨가되어 폴리머 구조의 강화제 역할을 한다. 점토가 매트릭스 안에서 분산이 잘될수록, 재료의 기계적 강도는 향상된다. 조성물 사이의 상호작용은 매우 미세한 영역에서 이루어지며, 이것을 나노 조성물이라 한다. 점토들 사이에서의 상호작용 메커니즘은 나노 조성물과 동일하다. 그리고 여기서 얻은 재료의 기계적 강도는 크게 향상된다. 이미 산업계의 나노 조성물에 주로 이용되는 이러한 연구들은 흙재료에도 유익한 영향을 미칠 것이다.

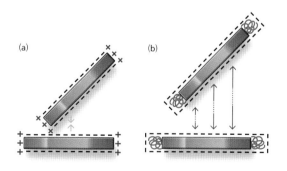

(a)

(b)

(a) 일반적으로 점토판들의 가장 자리는 양전하를 띤다.

(b) 음전하를 띠는 작은 유기분자들은 가장자리의 양전하를 고정시킬 수 있다. 그러므로 점토판들은 전체적으로 음전하를 띠게 되고 서로 밀어내 분산된다.

진주

광물과 유기 재료가 합성된 유기-광물 복합체의 놀라운 사례를 자연에서 찾을 수 있다. 진주에는 점토판과 비슷한 바이오폴리머로 둘러싸인 다각형의 평평한 아라고나이트 결정 광물 블록이 규칙적으로 쌓여 있다. 그림에서 보이는 형태는 복잡하면서 매우 구조적이다. 이것은 진주를 아라고나이트보다 3000배 이상 견고하게 만들어주는 요소다.

진주의 사례는 흙재료를 유기분자로 안정화할 수 있다는 적절한 예다. 그것은 흙의 점토판, 진주의 아라고나이트의 결정과 같은 광물 입자들을 응집력 있고 보다 나은 조직으로 만들어준다. 흙은 점토로만 구성된 것이 아니다. 흙을 구성하고 있는 다른 입자들도 흙의 조직 구조에서 매우 중요한 역할을 담당하고 있다. 그러나 연구자들에 의해 다시 만들어진 진주는 모르타르와 같은 폴리머와 벽돌과 같은 점토 입자 재료들을 이용해 인공 진주를 합성해낸다. 이 유기-광물 나노 조성물의 물리적 특성은 천연 진주와 거의 유사하다.

만약 나노 영역에서 흙재료를 완벽한 방식으로 구조화하는 게 명백히 비현실적이라면 진주의 공간 조직은 점토판과 바이오폴리머 사이의 새로운 결합 모델이 될 수 있다. 특히 진주는 점토-폴리머 조성물의

우수한 결합력을 보여준다. 환경에 완벽히 적응하고 매우 강한 재료를 얻기 위해서는 광물계에서 가장 일반적인 구성 성분 중 하나인 점토와 식물계에서 가장 일반적인 구성 성분인 바이오폴리머를 혼합하면 된다. 이처럼 자연은 우리에게 다시 한번 아름다운 교훈을 제공해준다.

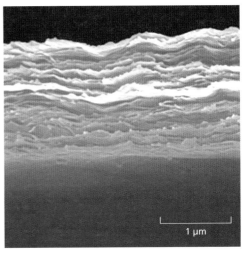

↑ 2003년 미국 오클라호마 대학의 연구자들은 점토 입자들과 유기분자들을 혼합해 인공 진주를 합성했다. 합성 재료는 자연 진주 재료와 유사한 특성을 보였다.

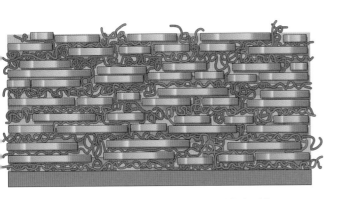

진주는 매우 단단한 것으로 잘 알려져 있다. 그러나 그것은 점토처럼 나누어진 재료다. 진주는 매우 미세한 광물 입자들로 구성되어 있다. 이 점토판들은 표면들이 서로 완벽히 맞대고 있고, 견고한 유기-광물 조성물 형성을 위해 단백질 물질들로 둘러싸여 있다.

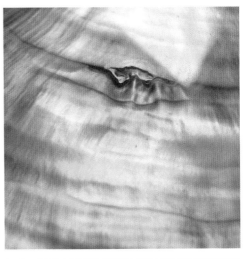

↑ 이 조개의 무지개빛 반사 광택들은 진주의 견고함을 위해 자연적인 피막층으로 만들어진다.

↑ 자연적인 상태(a), 점토판이 불안정 상태의 평평한 자갈 무더기와 같이 불규칙적으로 쌓여 있다(b). 진주를 구성하는 아라고나이트의 점토판(c)들은 잘 정리된 돌벽(d)을 연상시킨다. 그러므로 나누어진 재료의 견고함은 그것을 구성하는 구성들의 모든 공간 조직에 의존한다.

1001가지의 방법

흙건축은 생태적인 콘크리트를 만들 수 있는 혁신적인 방법이다.
세계적으로 장인들은 비에 강한 미장 재료를 만들기 위해
자연에서 얻은 재료와 흙을 혼합해서 사용했다.

← ↓ ↘ 솥 안에서 네레néré라는 나무의 과일 껍질을 끓이고 있다. 이것은 나무 껍질을 구성하는 타닌을 추출하기 위한 것이다. 가나와 부르키나파소에서는 이렇게 얻은 액체들을 흙미장에 칠해 표면이 반짝이도록 한다. 이 흙벽의 표면은 빗물에 강한 강도와 내구성을 지니게 된다.

↙ ↓ 큰 냄비 안에 버터나무의 버터로 식물 지방을 끓여 액상화했다. 곧바로 이 재료를 비에 강한 미장 재료로 만들기 위해 흙과 섞는다.

말리의 젠네 사원 벽에 바르는 이 흙들은 포니오fonio라는 곡식의 건초와 혼합된 것이다. 건초 파이버들이 부분적으로 분해되면서 셀룰로오스에서 자연적인 접착제가 생성되어 점토들과 혼합할 수 있도록 태양 아래에서 며칠 동안 부패시킨다.

후기를 대신하여

형태는 끝이 있으나, 물질은 그렇지 않다.
_가스통 바슐라르

지성은 복합적이다. 이성은 논리의 미로를 헤맬 때 우리를 인도해주며,
의심할 여지없는 적합한 단어와 방법을 생각해냈을 때 우리는 감동을 느
낀다. 우리는 문화와 자연을 통해 환경과 연결되고 모든 사물의 질서 안
에 편입된다. 그렇다면 흙건축에서는 어떤 지성을 찾을 수 있을까?

이 책을 보면 그 답은 간단하다. 경제성과 재료의 보편성, 모든 부류의
사람들이 접근할 수 있는 창의적인 해결책, 대담하면서도 언제나 자연과
조화를 이루는 흙건축의 모습을 통해 우리는 큰 감동을 느낄 수 있다.

이 책은 지금까지 많이 알려지지 않아 제대로 평가받지 못한 세계 곳
곳의 흙건축을 새롭게 발견하는 기회가 될 것이다. 세계 인구의 절반이
흙집에서 살고 있다는 사실을, 안데스 산맥 기슭 마을이 흙으로 구축되
었다는 것을, 프랑스의 농촌이나 도시에 있는 주거가 흙으로 지어졌다는
것을, 우리의 오만한 대도시에는 흙건축의 대담함과 건축적 아름다움이
남아 있지 않다는 것을 과연 누가 알고 있을까?

버나드 루도프스키Bernard Rudofsky가 '혈통 없는 건축'이라 말하는 토착
건축의 많은 재료들 중에서 흙은 의심할 여지없이 가장 강한 상징적 역
할을 하고 있다. 또한 흙은 고도의 성능을 대표하는 재료들에 가려진 구
조적 확실성에 대해 현대사회에 문제를 제기한다. 흙 콘크리트는 경이로
운 원천을 지니고 있다. 물론 현재의 건축 구조물과 단일 혹은 복합 인프
라 구조물의 실현을 위해 시멘트로 만든 콘크리트와의 경쟁은 불가능하
다. 그러나 흙이 주거 건축에 제대로 쓰이면 편안함과 아름다움뿐만 아
니라 우리가 주거에 바라는 많은 것들이 실현 가능하고, 더불어 생태적
근대화를 충족시킬 수 있다는 것을 많은 건축가들이 실례를 통해 보여주
었다.

바위가 풍화 작용을 통해 매우 작은 입자들로 변형되거나, 화산재가
점토로 바뀌는 등의 자연현상은 우리에게 소중한 보물을 남긴다. 자연이
남긴 보물의 생명력 있는 유기적인 물질은 항상 식물의 생산을 위해 마
련되고 보존된다. 뿐만 아니라 불활성 부분도 우리에게 놀라운 가능성을
제공한다.

그런데 왜 우리는 소규모 건축을 위해 에너지 소모가 많은 인공 재료를 사용하는 것일까? 왜 생태적 재료를 조합하여 문제를 해결할 수 있는데도 컴퓨터를 이용한 비싸고 복잡한 장비에 의존하는 것일까? 왜 지역에서 나오는 재료들과 현장에서 만들어 쓸 수 있는 것들을 공장에서 만들어 이동하는 것일까? 단순성의 가치를 망각한 복잡한 기술은 낭비에 지나지 않다.

이러한 단순성과 토착 건축에 대한 찬사가 보수성을 의미하는 것은 아니다. 과거의 이름 없는 건축가들에게 배울 수 있는 겸허함이 전통적인 전문 지식이나 현대적 방식 문제를 대체해주지는 않는다. 이러한 측면에서 우리는 발전에 대한 대가를 치르면서 우리 시대의 도전에 적합한 지역 전통과 문화적 문맥과 일치하는 현대적 주거를 지을 수 있는 것이다.

물리학자 역시 흙건축의 도전에 무감각하게 있어서는 안 된다. 오늘날 한 조각의 플라스틱이나 철 또는 돌을 이루는 원자나 분자에 대해서는 어느 정도 알고 있다. 규소가 어떻게 변형하여 트랜지스터를 만드는지, 그리고 수백만 개의 규소를 어떻게 1cm 안에 넣는지를 알고 있다. 유리는 왜 쉽게 부서지는지, 그리고 금이나 동은 왜 가공이 쉬운지도 잘 안다. 날개나 돛의 공기 그물망의 기하학적인 계산법을 알고 있으며, 심장에 흐르는 피의 흐름을 안다. 한 잔의 물 안에 있는 분자의 움직임을 정확하게 표현할 수도 있다. 그러나 도기 제조인의 손가락에 있는 흙 입자의 미끄러짐은 알지 못한다. 또한 왜 식물 뿌리가 모래 성분이 많은 땅을 뚫지 못하는지도 알지 못한다. 단지 모래언덕이 어떻게 형태를 이루고, 형태를 유지하면서 움직이는지만 알 뿐이다.

다행히도 최근 물리학과 함께 재료기계학이 비약적인 발전을 했다. 흙은 물리학에서 최근 25년 동안 가장 혁신적인 연구 주제 중 하나였다. 그후로 물질의 입도 상태는 액화 상태나 기화 상태처럼 물질을 이해하기 위한 중요한 정보가 되었다. 흙의 물리학적 연구를 통해 우리는 군중의 태도와 교통체증 현상을 이해하는 놀라운 관점까지 제시할 수 있었다. 모래에 비해 흙은 더 물리·화학적인, 그리고 알갱이 크기에서 매우 작은 단위에 대한 추가적인 연구가 필요하다. 상황은 긍정적이다. 나노과학의 시작은 오늘날 많은 흥미를 불러일으켰고, 해결해야 할 많은 질문들을 낳았다. 환경 문제 역시 풀어야 할 숙제로 남아 있다.

입자 물질에 대한 가장 좋은 이해의 관점은, 유희적이지만은 않은, 순수하게 인지되지만은 않은, 많이 젖지도 많이 마르지도 않은 이 '점토' 때문에 흙이 특별하게 구축될 수 있다는 것이다. 이것이 바로 우리가 구축적인 실행을 하는 데 더 높은 것을 그려내는 지속적인 진보의 기초가 된다. 자연적인 재료의 응집 메커니즘에 대한 이해로 예맨의 건축가들은 접합체 없이도 높은 주거 건물을 만들 수 있었고, 기술적인 성능의 연구에서 정확한 양과 효율성을 깨닫게 해주었다. 재료와 물의 상호작용의 이해를 통해 물이 얼고 녹는 과정에서 오는 피해에 대한 대비가 가능하게 되었고, 공기층의 과다한 습기나 건조 상태를 조절할 수 있었다. 덕분에 건물 안은 더욱 쾌적해졌다. 더욱이 극한의 기후는 우리가 사용하는 모든 재료를 발전시켜 더 단순한 물리적 기초 안에서 환경적 질의 기준을 더 섬세하게 만들어주는 데 도움을 줄 것이다.

래티티아와 로맹의 이 책은 흙건축의 멋진 미래를 위한 시초가 될 것이다.

앙리 방 담
산업 물리화학 고등대학교 교수
토목대학교 연구센터 책임자

참고 문헌

검은색 : 일반서적

회색 : 전문서적

1. 세계의 흙건축

일반서적

Dethier J., Des architectures de terre ou l'avenir d'une tradition millénaire, Centre Pompidou, 1981.

Doat P., Houben H., Matuk S., Vitoux F., Hays A., Construire en terre, Parenthèses, 1979.

Fathy H., Construire avec le peuple : Histoire d'un village d'Égypte : Gourna, Actes Sud, 1999.

Houben H., Guillaud H., Traité de construction en terre, Parenthèses, 1995.

Piano R., La désobéissance de l'architecte, Arléa, 2004.

현대건축

Duchert D., Gestalten mit Lehm, Farbe und Gesundheit, 2008.

Joy R., Desert Works, Princeton Architectural Press Edition, 2002.

Minke G., Building with Earth : Design and Technology of a Sustainable Architecture, Birkhauser, 2006.

Rael R., Earth architecture, Princeton Architectural Press, 2008.

Rauch M., Otto Kapfinger, Lehm und Architektur, Birkhauser, 2002.

Volhard F., Leichtlehmbau, Alter Baustoff - neue Technik, C.F. Müller, 2008.

프랑스와 유럽의 흙건축 문화유산

Bardel P., Maillard J.-L., Architecture de terre en Ille-et-Vilaine, Apogée, 2002.

Casel T., Colzani J., Gardère J.-F., Marfaing J.-L., Maisons d'argile en Midi-Pyrénées, Privat, 2000.

Delabie C., Maisons en terre des marais du Cotentin. Un patrimoine à préserver, un confort à améliorer, des

constructions à réhabiliter, Biomasse Normandie, 1990.

Dewulf M., Le torchis, mode d'emploi, Eyrolles, 2007.

Fernandes M., Correia M. (dir.), Arquitectura de terra em Portugal, Argumentum, 2005.

Guillaud H. (dir.), Terra Incognita. Découvrir une Europe des architectures de terre, Culture Lab Edition et Argumentum, 2008.

Guillaud H. (dir.), Terra Incognita. Préserver une Europe des architectures de terre, Culture Lab Edition et Argumentum, 2008.

Jeannet J., Pignal B., Scarato P., Bâtir en pisé : technique, conception, réalisation, Éditions Pisé Terre d'Avenir, 1998.

Jeannet J., Pignal B., Pollet G., Scarato P., Le pisé. Patrimoine, restauration, technique d'avenir. Matériaux, techniques et tours de mains, CREER, 2003.

Lebas P., Lacheray C., Pontvianne C., Savary X., Schmidt P., Streiff F., La terre crue en Basse-Normandie, de la matière à la manière de bâtir, C.Ré.C.E.T, 2007.

Le Tiec J.-M., Paccoud G., Pisé H_2O, Éditions CRAterre-ENSAG, 2006.

Milcent D. & Vital C. (dir.), Terres d'architecture. Regards sur les bourrines du marais de Monts, Écomusée du marais Breton Vendéen, 2004.

Pignal B., Terre crue. Techniques de construction et de restauration, Eyrolles, 2005.

Schofield J., Smallcombe J., Cob Building : A practical guide, Black Dog Press, 2004.

Weismann A., Bryce K., Building With Cob : A Step-by-step Guide, Chelsea Green Publishing Company, 2006.

세계의 흙건축 문화유산

Baoguo H., Hakka earthen buildings in china, Haichao Photography & Arts Press, 2006.

Bedaux R., Diaby B., Maas P., L'architecture de Djenné. Mali. La pérennité d'un patrimoine mondial, Rijksmuseum voor Volkenkunde Leiden, 2003.

Bendakir M., Architectures de terre en Syrie. Une tradition de onze millénaires, Éditions CRAterre-ENSAG, 2008.

Bishop L., Abadomloora, G. Taxil, M. Kwami, S. Moriset, D. Savage, Navrongo cathedral. The merge of two cultures, Éditions CRAterre-ENSAG, 2004.

Bourgeois J.-L., Pelos C., Davidson B., Spectacular Vernacular. The adobe tradition, Aperture, 1989.

Damluji S., Bugshan A., Architecture of Yemen : From Yafi to Hadramut, Laurence King Publishing, 2007.

Joffroy T. (dir.), Les pratiques de conservation traditionnelles en Afrique, ICCROM, 2005.

Joffroy T. (dir.), La Cour Royale de Tiébélé, Éditions CRAterre-ENSAG, 2008.

Joffroy T., Togola T., Sanogo K., Misse A., Le Tombeau des Askia, Gao, Mali, Éditions CRAterre-ENSAG, 2005.

Lauber W. (dir.), L'architecture dogon. Constructions en terre au Mali, Adam Biro, 2003.

Le Quellec J.-L., Tréal C., Ruiz J.-M., Maisons du Sahara : Habiter le désert, Hazan, 2006.

Loubes J.-P., Sibert S., Voyage dans la Chine des cavernes, Arthaud, 2003.

Ravereau A., Le M'Zab. Une leçon d'architecture, Actes Sud, 2003.

Schutyser S., Dethier J., Monterosso JL., Les mosquées en terre du Mali, Maison européenne de la photographie, 2002.

Schutyser S., Dethier J., Eaton R., Gruner D., Banco, mosquées en terre du delta intérieur du fleuve Niger, Cinq Continents, 2003.

Schwartz D., De Pracontal M., La Grande muraille de Chine, Thames et Hudson, 2001.

Seignobos C. & Jamin F., La case obus. Histoire et reconstruction, Parenthèses, 2003.

Swentzell Steen A., Stehen B., Komatsu E., Built by Hand : Vernacular Buildings Around the World, Gibbs Smith Publishers, 2003.

Wang Qjiun, Vernacular dwellings. Ancient Chinese architecture, Springer, 2000.

Zerhouni Z. & Guillaud H., L'architecture de terre au Maroc, ACR éditions, 2001.

2. 매력적인 재료, 흙

흙이란 무엇인가?

Duchaufour P., Introduction à la science du sol. Sol, végétation, environnement, Dunod, 2001.

Legros J.-P., Les grands sols du monde, Presses Polytechniques et Universitaires Romandes, 2007.

Robert M., Le sol : interface dans l'environnement, ressource pour le développement, Masson, 1996.

Ruellan A., Dosso M., Regards sur le sol : Analyse structurale de la couverture pédologique, Foucher, 1995.

Trolard, F., Bourrié G., « La couleur de peau de la terre et l'histoire particulière des sols bleus », Échos science n° 2, 2005.

모래의 물리적 특성

Blair D.L., Mueggenburg N.W., Marshall A.H., Jaeger

H.M., Nagel S.R., « Force distributions in three-dimensional granular assemblies: effects of packing order and interparticle friction », Physical Review E, volume 63, 041304, 2001.

Borkovec M., De Paris W., « The fractal dimension of the apollonian sphere packing », Fractals, volume II, n° 4, 1994.

De Larrard F., Sedran T., « Une nouvelle approche de la formulation des bétons », Annales du bâtiment et des travaux publics, volume VI, n° 99, 1999.

Duran J., Sables émouvants: la physique du sable au quotidien, Belin, 2003.

Duran J., Sables, poudres et grains, Eyrolles, 1997.

Duran J., « Les volcans de sable », Pour la Science, septembre 2002.

Erikson J.M., Mueggenburg N.W., Jaeger H.M., Nagel S.R., « Force distributions in three-dimensional compressible granular packs », Physical Review E, volume 66, 040301, 2002.

Flatt R.J., Martys N., Bergström L., « The Rheology of Cementitious Materials », MRS Bulletin, volume XXIX, n° 5, 2004.

Guyon E., Troadec J.-P., Du sac de billes au tas de sable, Odile Jacob, 1994.

Jeux de grains, Exposition interactive, équipe des médiateurs scientifiques de l'Espace des sciences, 2004.

Metcalfe G., Shinbrot T., McCarthy J. J., Ottino J. M., « Avalanche mixing of granular solids », Nature, volume 374, n° 6517, 2001.

Radjai F., Jean M., Moreau J-J, Roux D., « Force distributions in dense two-dimensional granular systems », Physical Review Letter, volume 77, n° 274, 1996.

Vernet C. P., « Ultra-durable concretes: structure at the micro- and nanoscale », MRS Bulletin, volume XXIX, n° 5, 2004.

모래성의 물리적 특성

Albert R., Albert I., Hornbaker D., Schiffer P., Barabási A.L., « The maximum angle of stability in wet and dry spherical granular media », Physical Review E, volume 387, n° 6635, 1997.

Bocquet L., Charlaix E., Restagno F., « Physics of humid granular media », Comptes Rendus Physique, volume III, n° 2, 2002.

Bocquet L., Charlaix E., Crassous J., Ciliberto S., « Moisture induced ageing in granular media and the kinetics of capillary condensation », Nature, volume 396, n° 6713, 1998.

De Gennes P.-G., Brochard-Wyart F., Quéré D., Gouttes, bulles, perles et ondes, Belin, 2002.

Gelard D., Zabat M., Van Damme H., Laurent J-P., Dudoignon P., Pantet A., Houben H., « Nature and Distribution of Cohesion Forces in Earth-based Building Materials », 2nd International Conference on the Conservation of Grotto Sites, 2004.

Halsey T.C., Levine A.J., « How sandcastles fall », Physical Review Letters, volume 80, n° 3141, 1998.

Hornbaker D., Albert R., Albert I., Barabasi A.L., Schiffer P., « What keeps sandcastles standing », Nature, volume 387, n° 6635, 1997.

Van Damme H., « L'eau et sa représentation », in Mécanique des sols non saturés, Hermès - Lavoisier, 2001.

Van Damme H., Anger R., Fontaine L., Houben H., « Construire avec des grains, matériaux de construction et développement durable », in Graines de sciences 8, Le Pommier, 2007.

점토의 물리·화학적 특성

Cabane B., Hénon S., Liquides : Solutions, dispersions, émulsions, gels, Belin, 2003.

Israelachvili J., Intermolecular and surface forces, Academic Press, London, 1992.

Meunier A., Argiles, Gordon & Breach, 2003.

Rautureau M., Caillère S., Hénin S., Les argiles, Septima, 2004.

Velde B., Introduction to clay minerals, Chapman and Hall, 1992.

Van Olphen H., An introduction to clay colloid chemistry, Inter science, 1963.

기타

Ayer J., Bonifazi M., Lapaire J., Le sable – Secrets et beautés d'un monde minéral, Muséum d'histoire naturelle de Neuchâtel, 2003.

Daoud M., Williams C. (dir.), La juste argile : Introduction à la matière molle, Les éditions de Physique, 1995.

Guyon E., Hulin J.-P., Petit L., Ce que disent les fluides. La science des écoulements en images, Belin, 2005.

Ildefonse B., Allain C., Coussot P., Des grands écoulements naturels à la dynamique du tas de sable – Introduction aux suspensions en géologie et en physique, Cemagref Editions, 1997.

Jensen P., Entrer en matière, les atomes expliquent-ils le monde ?, Seuil, 2001.

Prost A., La terre, 50 expériences pour découvrir notre planète, Belin, 1999.

3. 흙의 신기술

미세한 규모에서 일어나는 작용

Abend S., Lagaly G., « Sol–gel transition of sodium montmorillonite dispersions », Applied Clay Science, volume 284, n° 9, 2000.

Benna M., Khir-Ariguib N., Magnin A., Bergaya F., « Effect of pH on rheological properties of purified sodium bentonite suspensions », Journal of Colloid and Interface Science, volume 218, n° 2, 1999.

Janek M., Lagaly G., « Proton saturation and rheological properties of smectite dispersions », Applied Clay Science, volume XIX, n° 1, 2001.

Tombacz E., Szekeres M., « Colloidal behavior of aqueous montmorillonite suspensions : the specific role of pH in the presence of indifferent electrolytes », Applied Clay Science, volume XXVII, n° 1-2, 2004.

Tombacz E., Szekeres M., « Surface charge heterogeneity of kaolinite in aqueous suspension in comparison with montmorillonite », Applied Clay Science, volume 34, n° 1-4, 2006.

시멘트, 대안은 무엇인가?

École d'Avignon, Techniques et pratiques de la chaux, Eyrolles, 2003.

Elert K., Rodriguez-Navarro C., Sebastian E., « Geopolymerisation as a novel method to consolidate earthen architecture : preliminary results », Heritage, weathering and conservation, Taylor & Francis, 2006.

Fragoulis D., Stamatakis M.G., Papageorgiou D., Pentelenyi L., Csirik G., « Diatomaceous earth as a cement additive : a case study of deposits from North-eastern Hungary and Milos island », ZKG international, volume 55, n° 1, 2002.

Lecomte I., Henrist C., Liégeois M., Maseri F., Rulmont A., Cloots R., « (Micro)-structural comparison between geopolymers, alkali-activated slag cement and Portland cement », Journal of the European Ceramic Society, volume XXVI, n° 16, 2006.

Pelleng R., Van Damme H., « Why does concrete set ? The nature of cohesion Forces in hardened cement-based materials », MRS Bulletin, volume XXIX, n° 5, 2004.

Van Damme H., « Et si Le Chatelier s'était trompé ? Pour une physico-chimio-mécanique des liants hydrauliques et des géomatériaux », Annales des Ponts et Chaussées, volume 71, 1994.

Van Damme H., Pelleng R., Delville A., « La physique des liaison entre hydrates et les moyens d'agir au niveau moléculaire », Journée technique de l'industrie cimentière, 1998.

Yu Q., Sawayama K., Sugita S., Shoya M., Isojima Y., « The reaction between rice husk ash and $Ca(OH)_2$ solution and the nature of its product », Cement and Concrete Research, volume XXIX, n° 1, 1999.

자연이 보여주는 사례

Bourgeon G., Gunnell Y., « La latérite de Buchanan », Étude et gestion des sols, volume XII, n° 2, 2005.

Gobat J.-M., Aragno M., Matthey W., Le sol vivant, Presses polytechniques et universitaires romandes, 2003.

Jolivet J.-P., De la solution à l'oxyde, EDP Sciences, 2000.

Rodriguez-Navarro C., Rodriguez-Gallego M., Ben Chekroun K., Gonzalez-Munoz M.T., « Conservation of ornamental stone by Myxococcus xanthus-Induced Carbonate Biomineralization », American Society for Microbiology, volume 69, n° 4, 2003.

Tang Z., Kotov N., Magonov S., Ozturk B., « Nanostructured Artificial Nacre », Nature Materials, volume II, n° 6, 2003.

Tardy Y., Pétrologie des latérites et des sols tropicaux, Masson, 1993.

용어 설명

ㄱ

건조 상태: 수분율이 공기의 수분과 평형을 이룬 상태.

경화: 자연의 시멘트화 과정을 통해 불가역적 방법으로 흙이 단단해 지는 활동.

계면: 서로 맞닿아 있는 두 물질의 경계면.

고분자: 여러 개의 연결로 만들어진 분자. 경우에 따라 몇 십만 개로 이루어진다.

골재: 직경 10mm 원형의 점토덩어리. 모래, 실트, 점토 가 큰 부피로 뭉쳐진 상태를 칭하기도 한다.

광물복합체: 알갱이로 이루어진 재료에서 입자들을 결 합시키는 물질. 콘크리트의 복합체는 시멘트이고, 흙의 복합체는 점토다.

ㄴ

나노 복합 재료: 매우 세밀한 크기의 입자들로 구성된 재료들은 큰 입자들로 구성된 재료들과는 상이한 특 질을 보인다.

ㄷ

다공질 암석: 기공이 많이 포함된 암석으로 화산암에서 많이 관찰된다.

다짐기: 거푸집의 흙을 다지기 위해 자루에 큰 덩어리를 연결시켜 만든 도구.

ㄹ

라테라이트: 열대지역에서 나는 적토. 적토암이라고도 한다.

라포나이트: 합성 점토로 크게 팽창되고, 겔이나 화장품 용도로 쓰인다.

뢰스: 바람에 의해 이동한 작은 입자가 쌓여서 만들어진 퇴적암.

ㅁ

메타카올리나이트: 카올리나이트를 섭씨 460도에서 600 도로 가열해서 얻는 무정형 광석.

모세관현상: 기체 혹은 혼합되지 않는 액체나 고체와의 접촉에 의해 액체 표면에서 나타나는 현상. 모세관 의 힘으로 물이 얇은 관으로 올라가거나 입자들 사 이의 공극에 채워지는 것이다. 이것을 모세관에 의 한 상승이라고 한다. 또한 모세관 다리에 의해 물방 울끼리 서로 끌어당기는 힘이기도 하다.

모암: 지면이 덮고 있는 바위. 땅의 근원이다.

미세 결정: 규칙적으로 조직된 원자가 있는 아주 미세한 광물 입자. 점토는 미세결정이다.

ㅂ

반데르발스 힘: 나노미터의 짧은 거리에서 두 원자 사이 에 발생하는 인력.

방코: 서아프리카 지역에서 흙마감, 어도비, 흙쌓기 등과 같이 흙을 이용한 다양한 건설 기술을 총칭하는 말.

보즈: 소성 상태의 흙을 이용하여 두껍고 육중한 벽을 만드는 흙건축 공법.

부식토: 동물이나 식물과 같은 유기적 물질을 포함하는 표토. 흔히 식토라고도 한다.

분산 작용: 섞인 입자들이 크기에 따라 분류되는 현상.

비결정: 재료의 원자구조가 무정형인 상태.

ㅅ

사암: 모래가 뭉쳐 단단히 굳어진 암석. 흔히 모래에 점
토가 섞여 이루어진다.

사태각: 반복되는 사태로 인해 휴식각을 넘어서는 각.

산화철: 철, 산소, 수소 원자의 결합으로 구성된 광물
입자. 입도 분석을 통해 점토 안에 포함되어 있음을
알 수 있다. 토양의 색깔을 알 수 있는 기준이 되고,
이 산화철은 주변 환경에 따라 색깔과 그 성질이 변
한다.

삼투: 용액 안에 있는 이온이나 미립자는 통과하지 못하
고 물만 통과하는 막을 통해 희석된 용액이 농축된
용액으로 이동하는 것.

상(단계): 흙은 세 가지 성상의 재료다. 즉 고체(입자), 액
체(물), 기체(공기)로 되어 있다. 이러한 상의 변화는
일반적으로 한 상에서 다른 상으로 변하는 상태를
의미한다. 예를 들어 얼음이 녹으면 고체에서 액체
로 변한다.

석고: 섭씨 150도의 온도로 소성시켜 석고 가루를 얻을
수 있는 광물. 흔히 석고암이라 불린다.

석회: 석회석을 고온으로 소성하여 얻는 결합제. 석회
석을 높은 온도로 소성하면 공기 중에 이산화탄소
를 배출한다. 이 탈산화는 하소 연결로 생석회를 만
들어낸다. 이 생석회를 물속에 넣으면 물 분자의 원
자 구조와 합쳐져 소석회가 된다. 이 소석회는 모래
와 물과 섞어 모르타르 형태로 건축물의 입면에 자
주 사용되었다. 이 석회 모르타르는 공기 중의 이산
화탄소와 화학적으로 반응하여 다시 석회석이 되며
굳는다.

세정: 점토 입자에 비가 들어가 벽을 침식시키는 활동.

소성 상태: 물의 양이 적절히 반죽된 찰흙 상태로 다루
기가 좋은 상태.

소수성: 물을 밀어내는 성질.

속성 작용: 열과 압축에 의해 퇴적물이 암석으로 변하는
변형 작용.

수분 상태: 물의 양에 따라서 건조, 습윤, 소성, 점착 혹
은 액상 상태로 나누어진다.

수소이온지수(pH): 수소이온농도를 지수로 나타낸 것.
pH가 7 미만은 산성, 7 이상은 알칼리성이다.

수정: 풍화에 강한 결정화된 실리카로 구성된 광물.

수화결합제: 석회가 공기 중에서 이산화탄소를 만나 경
화되듯이 시멘트가 물을 만나 결합하는 것.

스멕타이트: 음전하를 띤 판들에 의해 팽창된 점토로 두
텁고 견고한 판을 만들지 못하고 쉽게 분리된다.

습윤 상태: 물이 매우 적은 상태. 손에 넣고 강하게 압축
하면 형태를 만들 수 있다. 바닥에 떨어뜨리면 몇 개
의 조각으로 나누어진다.

시멘트의 수화물: 시멘트가 물과 만나 경화되면 만들어
지는 입자.

식토: 광물에 유기적인 재료를 포함하는 지표면에 있는 흙.

실리카: 각뿔형으로 조합된 이산화규소 광물의 집합
체. 1개의 규소 원자가 4개의 산소 원자로 둘러싸
여 있다.

실트: 모래보다는 크고, 점토보다 작은 알갱이. 크기는
2~60㎛다.

심벽: 나무 뼈대 구조를 흙으로 보강하는 건축기술.

ㅇ

아라고나이트: 탄산칼슘 결정체.

아폴로니안 개스킷: 서로 접하는 다른 크기의 원에 의해 공간이 채워지는 이상적인 기하학적 모델. 빈 공간은 계속해서 작아지는 원으로 채워진다. 공극 충전은 알갱이들이 어느 정도의 거리를 두고 채워지는 방식이다.

압축흙벽돌(BTC): 습윤 상태의 흙을 압축 기계에 넣어서 벽돌을 만드는 흙건축 기법.

양친매성: 소수성과 친수성을 동시에 갖는 성질.

어도비: 소성 상태의 흙을 틀에 넣어 만든 후 햇빛에 말린 흙벽돌로 가장 오래된 전통방식이다.

열적 관성: 열적 관성을 가진 재료는 매우 천천히 식고, 천천히 뜨거워진다. 따라서 낮과 밤의 기온 차가 심한 곳에서 상대적으로 일정한 온도를 유지한다.

열적 질량: 한 재료의 열적 관성은 그의 질량에 비례한다. 따라서 열적 관성이 좋은 것은 무게가 많이 나가는 재료를 의미한다.

요철: 모세관의 힘이 작용하는 액체에 의해 구부러진 표면.

유기 광물화: 유기물을 통한 광물의 합성.

응력사슬: 입자들 사이의 접촉 연결 형성이 드러나는 부분.

일라이트: 여러 개의 작고 견고한 판들이 겹쳐져 있는 판 형태의 점토로 강한 음전하를 갖는다.

입도 분석: 주어진 흙의 입자 크기를 분석해 입자의 분포도를 파악하는 것.

ㅈ

장석: 석영과 운모를 함유하는 화강암의 한 종류.

점착 상태: 흙이 손에 붙기는 하지만 흐르지는 않는 정도의 상태. 이 상태의 흙으로는 형태를 만들기가 거의 불가능하다.

점토판: 점토는 일정하고 단단한 판들의 집합체로 구성되어 있다. 그 크기는 폭이 수 마이크로미터에 두께는 1nm다. 이 판들은 규칙적인 형태로 책처럼 겹쳐 있다.

중합체화: 동일한 실험식이 화학작용에 의해 큰 규모의 입자로 만들어지는 과정.

지면: 지구의 표면. 모암이 분해되어 만들어진 것이다.

지오폴리머: 적은 양의 규소와 산화알루미늄의 화학적 결합을 통해 만들어진 광물성 접합제.

ㅊ

첨가제: 흙에 소량을 넣어 원료의 특질을 바꾸게 하는 것. 액상 상태로 만들거나 강도를 강하게 할 때 사용한다.

친수성: 물을 끌어당기는 성질.

침전화: 물속에서 점토 입자들이 다른 인력 작용으로 결합된 상태. 반면 반발력에 의해 이러한 흙 입자들이 객체화된 형태로 되는 상태를 분산화라 한다. 또한 분산화 작용을 하는 것을 분산제라 한다.

ㅋ

카올리나이트: 여러 개의 견고한 판상 형태로 된 점토로 매우 약한 음전하를 띤다.

칼슘 실리케이트 수화물(CSH): 이 입자는 시멘트가 경화되는 가운데 나타나는 시멘트의 대표적인 수화물이다. 말하자면 시멘트의 핵심 접착제다.

콜로이드: 매우 작은 입자들(1~1000nm)의 집합체로 표면 상태에서 특질이 나타난다.

ㅌ

탄산염화: 석회가 공기 중의 이산화탄소와의 반응으로 단단해 지는 화학적 반응.

탄산칼슘: 석회석의 주 구성원인 $CaCO_3$ 형태의 광물. 일반적으로 방해석과 산석으로 이루어진다.

탄소제거 작용: 석회석이 공기층에 탄소를 내보내며 생석회로 변하는 화학적 작용.

토착 건축: 세대를 통해 전수된 경험기술과 함께 지역적 제약에 적응하며 형성된 건축.

퇴석: 빙하에 실려와 퇴적된 다양한 크기의 광물 재료.

퇴적 작용: 공기나 액체 안에 있는 입자들이 중력에 의해 침전되는 것. 지질학에서 이렇게 생성된 물질을 침전물이라 하고, 이러한 퇴적 작용으로 만들어진 층을 퇴적암이라 한다.

ㅍ

판: 점토 입자는 일반적으로 여러 겹의 얇은 막이 견고하게 겹쳐진 것이다. 이러한 판들은 일정한 규칙으로 겹쳐져 있다.

포졸란: 실리카가 많은 작은 입자의 비정형 광물 가루. 석회와 물과 함께 수화결합을 한다. 이러한 반응을 포졸란 반응이라 한다.

폴리머: 동일한 실험식의 반복으로 만들어진 큰 규모의 입자.

표면탄성: 액체 안에 있는 입자들의 인력으로 액체표면에 존재하는 힘.

ㅎ

하소: 광물을 고온으로 가열하여 기화과정에서 화학성분이 바뀌는 과정. 예를 들면 석회석은 이 과정을 통해 이산화탄소를 대기 중에 내보내며 생석회로 바뀐다.

합성 재료: 서로 다른 특성을 가진 두 가지 재료의 조합에 의해 만들어지는 재료.

현탁: 입자들이 중력의 영향을 받지 않고 액체 안에 흐트러져 있는 상태.

휴식각: 쌓여 있는 모래 더미와 평지가 이루는 각.

흙다짐: 거푸집 안에 습윤 상태의 흙 분말을 넣어 다진 후 벽을 만드는 흙건축 기법.

찾아보기

도판 저작권

왜 흙으로 건축을 하는가?

P. 15-16 VICTORIA DELGADO, CRATERRE-ENSAG, SATPREM MAÏNI/
AUROVILLE EARTH INSTITUTE/CRATERRE-ENSAG (2), ERIK JAN OUWERKERK
& FRANCIS KÉRÉ ARCHITECTE, INSTITUTO GEOGRAFICO AGUSTIN CODAZZI
(IGAC) | P. 17 WOLFGANG KAELHER/CORBIS

1. 세계의 흙건축

P. 18 YANN ARTHUS-BERTRAND/ALTITUDE | P. 22 GEORGE STEINMETZ/
CORBIS | P. 23 MICHELE FALZONE/JAI/CORBIS, FRANCK GUIZIOU/HEMIS/
CORBIS | P. 24~27 CRATERRE-ENSAG | P. 27 ILLUSTRATION GRÉGOIRE
PACCOUD/CRATERRE-ENSAG | P. 28 CHRISTIAN LIGNON/CRATERRE-ENSAG
| P. 29 CRATERRE-ENSAG(5), BRUNO MORANDI/RHW IMAGERY/CORBIS |
P. 31 RICK JOY ARCHITECTS | P. 33 CRATERRE-ENSAG, ROMAIN CINTRACT/
HEMIS/CORBIS, CRATERRE-ENSAG (6), HEEYONG CHOI/DEPARTMENT OF
ARCHITECTURE/MOKPO NATIONAL UNIVERSITY (CORÉE DU SUD), VICTORIA
DELGADO, HEEYONG CHOI/DEPT. ARCHI/MOKPO, CRATERRE-ENSAG |
P. 34-35 CRATERRE-ENSAG | P. 34 COLLECTION CRATERRE-ENSAG | P. 36
CRATERRE-ENSAG (2), GISÈLE TAXIL/CRATERRE-ENSAG, ANDREAS KREWET,
CRATERRE-ENSAG, ENTREPRISE HELIOPSIS/B. MARIELLE & M. STEFANOVA &
V. RIGASSI ARCHITECTES
P. 37 SCOP CARACOL | P. 39 EQUIPE ARCHITECTURE & CULTURES
CONSTRUCTIVES/ENSAG | P. 40 FRANÇOISSTREIFF, ALAIN KLEIN/ARCHITERRE,
CRATERRE-ENSAG | P. 41 CRATERRE-ENSAG | P. 43 CRATERRE-ENSAG (2),
FRANÇOIS STREIFF, CRATERRE-ENSAG (2), ALAIN KLEIN/ARCHITERRE | P. 44-
45 LAURENT MÉNÉGOZ
P. 44 CRATERRE-ENSAG/ATELIER4 & WAGNER & WIDMER & THEUNYNCK
ARCHITECTES | P. 45 CRATERRE-ENSAG/GALARD & GUIBERT, CRATERRE-
ENSAG/JAURE & CONFINO & DUVAL ARCHITECTES, CRATERRE-ENSAG/
BERLOTTIER ARCHITECTE, CRATERRE-ENSAG/JOURDA & PERRAUDIN

ARCHITECTES | P. 46 CRATERRE-ENSAG

P. 47 PAUL JAQUIN | P. 47 ALAN COPSON/JAI/CORBIS | P. 48-49 CRATERRE-ENSAG | P. 50 VINCENT RIGASSI/CRATERRE-ENSAG, CRATERRE-ENSAG, CHRISTINE BASTIN & JACQUES EVRARD, CRATERRE-ENSAG (2) | P. 51 CRATERRE-ENSAG | P. 52 ASHMOLEAN MUSEUM, UNIVERSITY OF OXFORD, UK/BRIDGEMAN/GIRAUDON | P. 53 ESTUDIO MARCEL SOCIAS, FRANCK LECHENET/DOUBLEVUE.FR | P. 54 YANN ARTHUS-BERTRAND/ALTITUDE | P. 55 CRATERRE-ENSAG, JEAN-CLAUDE GOLVIN/EDITIONS ERRANCE | P. 56 AEROGRID LIMITED/DIGITALGLOBE/GOOGLE EARTH/DR, PAULE SEUX/HEMIS.FR, DANNY LEHMAN/CORBIS | P. 57 NATHAN BENN/CORBIS | P. 58 CRATERRE-ENSAG (2), DAVE G. HOUSER/CORBIS | P. 59 CRATERRE-ENSAG | P. 60 NIC LEXOUX/HOTSON BAKKER BONIFACE HADEN ARCHITECTS+URBANISTES | P. 61 CRATERRE-ENSAG/PETER M. QUINN ARCHITECT | P. 62 GEUN-SHIK SHIN ARCHITECTE | P. 63 ANDREAS KREWET/MARTIN RAUCH/LEHMTONERDE BAUKUNST GMBH

P. 64 CRATERRE-ENSAG/MARTIN RAUCH, RUDOLF REITERMANN & PETER SASSENROTH ARCHITEKTEN/LTE (2), BEAT BÜHLER/ROGER BOLTSHAUSER & MARTIN RAUCH/LEHM TON ERDE (2) | P. 65 CRATERRE-ENSAG/MARTIN RAUCH, RUDOLF REITERMANN & PETER SASSENROTH ARCHITEKTEN/LTE

P. 66 NIC LEXOUX/HOTSON BAKKER BONIFACE HADEN ARCHITECTS+URBANISTES, MAURICIO PATÏNO A. JESUS ANTONIO MORENO/FUNDACION TIERRA VIVA ARCHITECTES (2) | P. 67 NIC LEXOUX/HBBH ARCHITECTS+ URBANISTES | P. 68, 69 CRATERRE-ENSAG | P. 70 CHRISTIAN SEIGNOBOS/IRD | P. 71 LAZARE ELOUNDOU/CRATERRE-ENSAG (3), CHRISTIAN SEIGNOBOS/IRD, CRATERRE-ENSAG | P. 72, 73 CRATERRE-ENSAG | P. 75 GEORG GERSTER/RAPHO/EYEDEA | P. 75, 77 CRATERRE-ENSAG | P. 77 FRANÇOIS STREIFF, CYNTHIA WRIGHT/RAMMED EARTH WORKS | P. 78, 79 CRATERRE-ENSAG | P. 79 MAYA PIC/CRATERRE-ENSAG | P. 80, 81 CRATERRE-ENSAG | P. 82, 83 MARCELO CORTÉS/SURTIERRAARCHITECTURA

P. 85 VICTORIA DELGADO | P. 85 CRATERRE-ENSAG, SCHAUER + VOLHARD

ARCHITEKTEN | P. 86, 87 SATPREM MAÏNI/AUROVILLE EARTH INSTITUTE/
CRATERRE-ENSAG | P. 88 CRATERRE-ENSAG/DR | P. 89 CRATERRE-ENSAG
(2), DARIO ANGULO ARCHITECTE/CRATERRE-ENSAG | P. 91 KPA/GAMMA/
EYEDEA, CHRIS STOWERS/PANOS-REA | P. 92 LAZARE ELOUNDOU/
CRATERRE-ENSAG, CRATERRE-ENSAG (2)
P. 93 CHRISTIAN LIGNON/VINCENT LIÉTAR ARCHITECTE/COLLECTION
SOCIÉTÉ IMMOBILIÈRE DE MAYOTTE (SIM), CRATERRE-ENSAG/LÉON ATTILA
CHEYSSIAL ARCHITECTE, CRATERRE-ENSAG | P. 94 ERIK JAN OUWERKERK
& FRANCIS KÉRÉ ARCHITECTE | P. 95 ANNA HERINGER, BASEHABITAT | P. 97
CRATERRE-ENSAG | P. 98~101 DANIEL DUCHERT ARCHITECTE

2. 매력적인 재료, 흙

P. 102~108 CRATERRE-ENSAG | P. 109 CRATERRE-ENSAG | P. 109 CHRISTIAN
OLAGNON/MATEIS/INSA DE LYON, ALAIN MEUNIER/HYDRASA/UNIVERSITÉ
DE POITIERS | P. 110~120 CRATERRE-ENSAG | P. 121 CRATERRE-ENSAG (4),
ALAIN TENDERO/RUDY RICCIOTTI ARCHITECTE | P. 122 CRATERRE-ENSAG,
SYLVIE BONNAMY & HENRI VAN DAMME/CENTRE DE RECHERCHE SUR LA
MATIÈRE DIVISÉE(CRMD)/CNRS/UNIVERSITÉ D'ORLÉANS, THE CONCRETE
COMPANY LTD/DR | P. 123~126 CRATERRE-ENSAG | P. 127 CRATERRE-ENSAG
(2), VIRGINIE ROCHAS, CRATERRE-ENSAG (2) | P. 128~131 CRATERRE-
ENSAG | P. 133 FRANS LANTING/CORBIS | P. 133 JEFFERY TITCOMB/CORBIS,
CRATERRE-ENSAG, GODDARD SPACE FLIGHT CENTER/MODIS/NASA | P. 134,
135 CRATERRE-ENSAG | P. 136 JEREMY WALKER/SPL/COSMOS, CRATERRE-
ENSAG | P. 137 CRATERRE-ENSAG | P. 138 ENTREPRISE HELIOPSIS, CRATERRE-
ENSAG | P. 139 CRATERRE-ENSAG | P. 140 LI SHAOBAI/SINOPIX-REA, TERRE
ARMÉE SAS, LAURENT HUJEUX/TERRE ARMÉE SAS, CRATERRE-ENSAG,
NADER KHALILI/CAL-EARTH INSTITUTE/EPA/CORBIS | P. 141 CRATERRE-
ENSAG | P. 142 XAVIER PORTE ARCHITECTE, CRATERRE-ENSAG | P. 143
XAVIER PORTE ARCHITECTE | P. 144~149 CRATERRE-ENSAG | P. 150

3. 흙의 신기술

P. 176~183 CRATERRE-ENSAG | P. 184 CRATERRE-ENSAG (2), NASA/CORBIS |
P. 185 CRATERRE-ENSAG (7), RODNEY STEVENS | P. 186 CRATERRE-ENSAG
P. 187 CRATERRE-ENSAG, J.-L. KLEIN & M.-L. HUBERT/BIOSPHOTO, CHERYL
POWER/SPL/COSMOS(2) | P. 189 CRATERRE-ENSAG | P. 190, 191 HEEYONG
CHOI/DEPARTMENT OF ARCHITECTURE/MOKPO NATIONAL UNIVERSITY
(CORÉE DU SUD) | P. 192 NADEEM KHAWER/EPA/CORBIS | P. 195 NEIL
EMMERSON/ROBERT HARDING WORLD IMAGERY/CORBIS | P. 196 CHRISTIAN
OLAGNON/MATEIS/INSA DE LYON, CLAIRE DELHON & HENRI-GEORGES
NATON/CREATIVE COMMONS | P. 197 MURAWSKI DARLYNE/PETER
ARNOLD/BIOSPHOTO | P. 199 REZA/WEBISTAN/SYGMA/CORBIS | P. 199
YANN ARTHUS-BERTRAND/CORBIS | P. 200 COURTESY OF DR BERND MÖSER/
BAUHAUS-UNIVERSITÄT WEIMAR

P. 201 COURTESY OF HERVÉ GABORIAU & CHRISTIAN CLINARD & CHARLES-
HENRI PONS & FAÏZA BERGAYA & HENRI VAN DAMME | P. 202 RADIUS
IMAGES/CORBIS | P. 205 CRATERRE-ENSAG | P. 206 DAN MCCOY-RAINBOW/
SCIENCE FACTION/CORBIS, VISUALS UNLIMITED/CORBIS | P. 207 VISUALS
UNLIMITED/CORBIS, JIM ZUCKERMAN/CORBIS, PHOTO QUEST LTD/SPL/
CORBIS | P. 209 CRATERRE-ENSAG | P. 211 MARTIN HARVEY/GALLO IMAGES/
CORBIS

P. 211 CRATERRE-ENSAG | P. 212, 213 CRATERRE-ENSAG | P. 214 NICHOLAS
A. KOTOV/BIOMEDICAL ENGINEERING DEPARTMENT/UNIVERSITY OF
MICHIGAN, CRATERRE-ENSAG | P. 215 COURTESY OF M. ROE/MACAULAY
INSTITUTE COLLECTION/THE CLAY MINERALS SOCIETY, TWICKENHAM. UK,
TOM DAVISON/FOTOLIA, RICK CARLSON/FOTOLIA, EYE OF SCIENCE/SPL/
COSMOS | P. 217 MAYA PIC/CRATERRE-ENSAG

일러스트레이션

ARNAUD MISSE (SAUF MENTIONS CONTRAIRES)

크라테르의 사진들

SONT DE ROMAIN ANGER, WILFREDO CARAZAS-AEDO, PATRICE DOAT, LAETITIA FONTAINE, DAVID GANDREAU, PHILIPPE GARNIER, HUBERT GUILLAUD, HUGO HOUBEN, THIERRY JOFFROY, JEAN-MARIE LE TIEC, ARNAUD MISSE, OLIVIER MOLES, SÉBASTIEN MORISET ET GRÉGOIRE PACCOUD.

고마운 사람들

DARIO ANGULO, COLOMBIE | ALAIN BARONNET | SYLVIE BONNAMY (CRMD/ CNRS/UNIVERSITÉ D'ORLÉANS) | SOLINE BRUSQ | MATHILDE CACHART, NICOLAS FREITAG (TERRE ARMÉE FRANCE/FREYSSINET) | CARACOL SCOP | MINCHOL CHO, HEYZOO HWANG, HEEYONG CHOI (DPT OF ARCHITECTURE/ MOKPO NATIONAL UNIVERSITY), CORÉE DU SUD | MARCELO CORTÉS, PATRICIA MARCHANTE (SURTIERRAARCHITECTURA), CHILI | VICTORIA DELGADO, HONDURAS | LYDIE DIDIER (ASTERRE) | DANIEL DUCHERT, ALLEMAGNE | DAVID EASTON, CYNTHIA WRIGHT (RAMMED EARTH WORKS), USA | LAZARE ELOUNDOU | IVANA FURTULA (BOLTSHAUSER ARCHITEKTEN AG.), SUISSE | DAVID GÉLARD | ENTREPRISE HELIOPSIS

ANNA HERINGER, CLEMENS QUIRIN, ALLEMAGNE | CAMILO HOLGUIN (NATIVA), COLOMBIE | INSTITUTO GEOGRAFICO AGUSTÍN CODAZZI (IGAC), COLOMBIE | PAUL JAQUIN (DURHAM UNIVERSITY), ROYAUME- UNI | BARBARA KERMAIDIC (EDITIONS ERRANCE) | FRANCIS KÉRÉ, ERIK JAN OUWERKERK, CLAUDIA BUHMANN, ALLEMAGNE | ALAIN KLEIN (ARCHITERRE) | TOSHIHIRO KOGURE (THE UNIVERSITY OF TOKYO), JAPON

| NICHOLAS A KOTOV (UNIVERSITY OF MICHIGAN), USA | ANDREAS
KREWET (ENTREPRISE AKTERRE) | JOHANNA LAROSA-ROB (RUDY RICCIOTTI
ARCHITECTE) | NICOLE LIEWIG (CNRS/UNIVERSITÉ DE STRASBOURG) |
MACAULAY INSTITUTE COLLECTION/THE CLAY MINERALS SOCIETY,
ROYAUME-UNI | SATPREM MAÏNI (AUROVILLE EARTH INSTITUTE), INDE
| ISABEL MARGARIT (HYSTORIA Y VIDA/PRISMA PUBLICACIONES) |
CHRISTELLE MARY (IRD)
ALAIN MEUNIER (HYDRASA, CNRS/UNIVERSITÉ DE POITIERS) | JESUS
ANTONIO MORENO (FUNDACION TIERRA VIVA), COLOMBIE | BERND
MÖSER (BAUHAUS-UNIVERSITÄT WEIMAR), ALLEMAGNE | HENRI-GEORGES
NATON | NICOLAS NORERO (RICK JOY ARCHITECTS), USA | LEAH NYROSE
(HOTSON BAKKER BONIFACE HADEN ARCHITECTS + URBANISTES), CANADA
| CHRISTIAN OLAGNON (MATEIS/CNRS/INSA DE LYON) | MAYA PIC
XAVIER PORTE | MARTIN RAUCH, AUTRICHE | VINCENT RIGASSI | VIRGINIE
ROCHAS | CHRISTIAN SEIGNOBOS | GEUN-SHIK SHIN, CORÉE DU SUD |
RODNEY STEVENS | FRANÇOIS STREIFF (PARC NATUREL RÉGIONAL DES
MARAIS DU COTENTIN ET DU BESSIN) | GISÈLE TAXIL | THE CONCRETE
COMPANY LTD | U.S. GEOLOGICAL SURVEY | HENRI VAN DAMME (CNRS/
ESPCI) | FRANZ VOLHARD (SCHAUER + VOLHARD ARCHITEKTEN) | SABRINA
VONBRÜL (LEHMTON ERDE)

LES ÉDITIONS BELIN ET LA CITÉ DES SCIENCES ET DE L'INDUSTRIE
REMERCIENT DE LEUR AIDE SOPHIE BOUGÉ, CHEF DE PROJET DE
L'EXPOSITION «MA TERRE PREMIÈRE: POUR CONSTRUIRE DEMAIN», RÉAL
JANTZEN ET MAUD LIVROZET(CSI), AINSI QUE CÉDRIC RAY(UNIVERSITÉ DE
LYON).

옮긴이의 글

흙은 자신에게 맡겨진 사물을 감추고 또한 드러내는 데 아주 적절한 원소다.
_가스통 바슐라르

건축이라는 것과 숨바꼭질하며 방황하던 즈음, 우연히 흙건축을 접하게
되었다. 흙건축의 매력에 경이하는 동시에 '왜 지금까지 몰랐을까?' 하는
안타까운 마음이 들었다. 생각해보니 내가 알고 있던 그동안의 건축 재
료들은 돌, 나무, 시멘트, 철 등 건축학에서 주로 다루는 재료들이었다.
그러나 오랜 세월, 사람들의 가장 가까운 곳에서 함께 해온 재료로 흙만
한 것은 없지 않은가?

  기억을 더듬어보니 어릴 때 뛰놀던 곳도 흙바닥이었고, 방학 때면 찾
아가던 시골집도 흙으로 만든 집이었다. 흙건축에 대한 지식이 전혀 없
던 나에게 흙이 친숙하게 다가온 것은 바로 이런 흙에 대한 향수 때문이
아닐까? 또한 원시 농경 시대 이후 오랜 세월 동안 씨앗을 키워온 흙의
모성적 성질이 우리 DNA 속에 축적된 것은 아닐까? 흙에서 태어나 다시
흙으로 돌아가는 삶의 이치에서 흙에 대한 특별한 감정이 생기는 것은
아닐까?

  흙에 대한 호기심이 나날이 증가하던 중 프랑스의 '크라테르 흙건축연
구소(이하 크라테르)'에 가게 되었다. 그곳에서 흙건축이 1만여 년이라는
긴 시간 동안 인류 역사와 함께 해왔다는 것을, 그럼에도 근대건축이라
는 큰 흐름 속에 가려 빛을 보지 못했다는 사실을 알게 되었다.

  흙이 지닌 정신적 가치에는 오랜 흙건축 역사를 지닌 한국 건축문화의
정체성이 담겨 있다. 또한 주변에서 손쉽게 구할 수 있는 건축 재료로 오
래전부터 다양한 방식으로 사용되어왔고, 무엇보다 흙은 단순한 재료뿐
만 아니라 농경 사회를 근간으로 하는 삶의 근원으로 인식되어왔다. 그
러나 1970년대 '새마을 운동'과 '주택 개량 사업' 등과 같은 정부 주도의
정책으로 건축 분야에서는 전통건축, 특히 농촌의 민가가 위생이 불량
하고 불편한 건축으로 시급히 개선해야 할 요소로 지목되었다. 이후 제

반 시설을 정비하면서 도시뿐만 아니라 농촌에서도 전통건축은 급속하게 사라져버렸다. 이와 함께 전통 흙건축, 특히 흙다짐 집은 거의 사라지고 말았다. 이로 인해 전 세계적으로 에너지 절약을 위해 새롭게 흙이 각광받던 1970대에 한국에서는 반대로 흙건축이 빠르게 사라져갔던 것이다. 이처럼 한국은 근대화 과정에서 흙의 역할과 의미를 점점 상실해갔고, 사람들의 기억 속에서도 점점 잊혀져갔다. 한국에서 흙건축의 현대화를 모색하고 실제로 현장에 적용하기 시작한 것은 1990년대 들어서다. 건축가 정기용 선생은 〈흙건축−잊혀진 정신〉(《대한건축학회지》, 1992년 5월)이라는 논문을 통해 흙건축의 의미를 일깨우고, 영월 구인헌, 자두나무집 등에 흙건축 요소를 도입했다. 또한 1990년대 중반 황혜주 연구진이 개발한 현대적 흙건축 재료 기술이 국가신기술로 인정받으면서 국내 흙건축의 초석을 다졌고, '황토방 아파트'를 통해 흙에 대한 대중의 관심을 불러일으켰다.

　이를 기반으로 현대적 의미의 흙건축이 본격적으로 시작되었다. 이후 흙건축으로 수많은 전원주택을 지었고, 흙벽돌, 흙미장, 흙보드 등 흙건축 자재 회사들이 설립되었다. 하지만 이러한 흐름은 오래 지속되지 못했다. 흙건축의 다양한 장점을 알리지 못하고 건강에 유익하다는 사실만 부각시켜 상업적으로만 다루었고, 기업의 영세성으로 전통 방식에만 의존해 기술 개발이 미흡했기 때문이다. 또한 전문 인력이 부족해 양호한 품질의 흙건축을 제공하지 못했다. 그 결과 1990년대 후반, 한국에 경제 위기가 닥쳤을 때 많은 흙건축 관련 기업들이 문을 닫게 됐다. 하지만 정기용 선생은 포기하지 않고 흙으로 된 건축을 꾸준히 선보이며 활동을 지속했고, 다른 건축가들도 관심을 보이며 현대적인 흙건축을 시도하기 시작했다. 이 책의 후반부에 나와 있듯, 목포대학교 연구팀도 흙재료 연구를 통해 흙건축에 대한 불신을 해소하고 재료적 측면에서 새로운 대안을 제시하며 실험적 건축을 지속적으로 진행하고 있다.

한편 2000년대 중반, 흙건축 관련 전문가들이 모여 한국흙건축연구회 TERRAKOREA를 결성해 흙건축의 현대화와 보급에 노력하고 있다. 또한 크라테르와 MOU를 체결하고 유네스코 흙건축 의장직 회원으로 흙건축의 세계적 동향에 동참하고 있다. 그 성과로 2011년 국제흙건축컨퍼런스 TerrAsia2011를 한국에서 개최했다.

크라테르는 프랑스의 흙건축연구소로 30여 년 전에 흙건축에 관심을 갖게 된 몇몇 건축가와 연구가들이 모여 만든 집단이다. 그들이 이렇게 흙건축에 관심을 갖게 된 것은 시대적인 요구 사항들을 앞서 이해한 덕분이다. 1970년대 초반에 석유파동이 있은 후 석유에 의존하지 않는 대체에너지와 재료들이 시급하게 요구되었다. 이때까지 세계 건축의 큰 흐름은 양차 세계대전 이후 폐허의 재건과 경제 발전에 부응하는 건축들이 주류를 이루었다. 이것이 흔히 인터내셔널 스타일international style이라는 이름으로 세계 곳곳으로 퍼져 나갔다. 개발도상국들이 그 수혜자였고, 우리나라도 거기에 속한다. 그러나 흔히 선진국에서 말하는 나라들은 이러한 큰 흐름에서 조금 벗어나 있었던 나라들이다. 그 나라들은 자신의 고유 문화를 간직하며 큰 변화 없이 생활할 수 있었는데, 그 모습을 본 몇몇 연구가들이 비로소 흙건축의 가치를 깨달은 것이다. 흙이라는 재료는 많은 내재에너지가 요구되지 않기에 경제적이며, 사용 시 에너지 소비를 줄일 수 있다.

흙건축에 대한 관심은 환경문제가 대두되면서 더욱 증가했다. 1990년대 초 리우선언을 계기로 환경보호와 개발이라는 양립하기 어려운 주제에 대해 '지속 가능한 개발'이라는 개념을 제시했다. 선진국과 후진국 간의 의견 차이에도 불구하고 환경에 대한 고민이 주요 쟁점이 되면서 세계 곳곳에서 환경에 대한 대책이 활발히 논의되었다. 이 중에서 1997년

교토의정서를 통해 건축 재료와 직접적으로 관련해 기존의 시멘트나 철, 알루미늄 등의 사용을 최소화하려는 움직임이 도화선이 되어 대체 재료인 흙에 대한 관심이 증대되었다.

이러한 세계적인 흐름 속에서 30여 년간 흙건축의 연구와 보급에 힘써온 크라테르가 그동안의 연구 결과를 집대성하여 이 책을 발간하였다. 크게 두 가지 관점으로 이 책에 접근하면 이해가 수월할 것이다.

첫 번째는 흙건축의 문화적 측면이다. 문화가 다르고 자연환경이 달라도 흙으로 만든 건축은 서로 공유되는 특질이 있다. 이것은 돌과 나무처럼 흙 또한 자연 상태에서 크게 가공되지 않은 재료이고, 재료의 순수함에서 오는 동질성이 있기 때문이다. 흙건축의 흔적은 세계 어느 곳에서도 찾아볼 수 있다. 돌과 나무가 없는 척박한 땅에도 흙은 존재한다. 이것이 바로 흙건축이 보편성을 갖는 이유다. 또한 다른 재료들에 비해 서민들의 생활 터전으로 많이 남은 이유이기도 하다.

이 책을 통해 우리는 세계 곳곳의 흙건축들을 접할 수 있다. 그 속에서 우리는 인문적 환경 차이에도 불구하고 여러 가지 공통점을 발견할 수 있을 것이다. 또한 지질학적 기후 차이에 의한 다양한 방식의 건축물도 확인할 수 있다. 이처럼 근대건축이 보여주는 재료적 단일성에 비해 흙으로 만든 건축은 동일한 재료로 여러 가지 모습을 보여준다. 어느 흙건축가는 "콘크리트로 만든 집은 늘 차갑고 가까이 보나 멀리서 보나 똑같지만, 흙집은 늘 따뜻하고 시시각각 다른 모습을 한다"고 말한다.

우리는 흙건축을 통해 근대 산업화 과정 속에서 잃어버린 지역 문화와 지역 생산 시스템을 되찾을 수 있다. 최근 제3세계에서는 선진국이 환경

보전 운동 이후 기피하고 있는 시멘트나 철의 소비가 증가하고 있다. 이로 인해 대규모 공장을 만들며 산업화 재료의 대량생산 시스템을 구축하고 있다. 하지만 이런 추세에 맞서, 마을 사람들이 협동하여 흙으로 건축물을 만들어가면서 그들의 전통 건축 문화와 환경을 지키는 사례들을 이 책을 통해 확인할 수 있다.

두 번째는 흙의 재료적 특성이다. 흙에는 물과 공기가 함께 있다. 이러한 자연의 근본 요소들이 모여 흙 알갱이를 이루고 그것이 단단히 모여 흙벽이 된다. 이러한 흙벽으로 만든 건축은 늘 자연에 순응한다. 흙 재료는 오랜 세월 동안 변화해왔듯이 언젠가는 다시 자연으로 돌아갈 것이다. 또한 흙이 지닌 대지와의 동질성은 흙건축물과 자연의 조화를 가능하게 한다. 이처럼 경제적이고 생태적인 건축이 가능하다면 이보다 더 현 시대에 적합한 재료가 있을까? 우리는 그 해답을 이 책의 후반부에서 확인할 수 있다. 흙의 과학적 원리를 통해, 흙이 현대적 건축 재료로 얼마나 다양하게 활용되는지를 밝히고 있다. 또한 흙 콘크리트와 바이오 광물처럼 최첨단 기술을 통해 흙은 더 이상 과거의 재료가 아니라 시멘트를 대체할 수 있는 미래의 재료라는 사실을 알 수 있다.

건축 재료에 대한 관심은 결국 그 재료들이 모여서 만드는 형태에 있다. 그러나 우리가 지금 바라보는 형태는 시간 속에 멈춰 있는 단상이다. 그 형태는 유한하나 그 형태를 이루는 물질들은 끊임없이 변화하고 있다. 인간의 건축 행위가 결국 우리가 속한 세계 속에서 이루어지고, 그 세계가 바로 자연이라면 그 자연은 늘 변화하므로 건축도 그 변화 속에서 존재해야 한다. 따라서 세월의 흔적을 담는 아름다운 건축을 우리는 '아름다운 폐허'로 만들고 있는 것이다. 그런 의미에서 흙건축은 오늘의 모습을 담는 것이 아니라 오랜 세월이 흐른 후 그곳에 담길 이야기들을 우리에게 남겨주는 것이다.

　2년에 걸친 오랜 번역이었음에도 불구하고 많은 오역과 부족함이 있을 것이다. 게으름의 소치이기도 하지만 흙건축을 아직 많이 알지 못한다는 생각에 망설이기도 했다. 효형출판 최지훈 편집장의 적극적인 권유가 없었다면 아직도 빛을 보지 못했을 것이다. 이 자리를 빌어 깊이 감사드리며 다른 몇몇 분들에게도 소중한 마음을 전하고 싶다.

　우선 이 책의 저자인 래티티아와 로맹을 비롯한 크라테르 동료들에게 감사한 마음을 보낸다. 그들이 지닌 자연과학도로서의 엄격함과 따뜻한 인간애를 존경한다. 그리고 흙건축과 인연을 맺게 해주신 황혜주 교수님, 흙건축의 보편성을 깨닫게 해주신 위벡 기요 교수님께 감사드린다. 마지막으로 흙건축의 의미를 일깨우고 다시 흙의 품으로 돌아가신 故 정기용 선생에게 이 부족한 글을 바친다.

2012년 2월
옮긴이 씀

감수를 마치고

우리는 자연과 인간의 관계를 깊이 있고 폭넓게 인식하지 못하고 마치 인간이 모든 것의 주인이며, 인간을 위해 모든 것을 사용할 수 있는 것으로 착각한 채 오직 사람만을 위한 기술에 집착해왔다. 자연을 대상으로만 인식하고, 그것을 무분별하게 개발해 오직 사람만의 안위와 안락을 도모해온 인류는 결국 심각한 생존의 위협에 직면하게 되었다. 이에 따라 인류는 자연과 더불어 살아갈 수 있는 지혜를 탐구하게 되었고, 건축 분야에서도 인간만을 위한 건축이 아닌 자연환경과 더불어 살 수 있는 새로운 건축을 모색하게 되었다.

흙건축은 이러한 새로운 건축의 실제적 대안으로 다시금 주목받고 있다. 건축 역사에서 가장 오랜 전통을 가진 흙건축은 힘이 약해 건축을 할 수 없다는 편견을 걷어내고, 강하다는 것은 무엇이고 약하다는 것은 무엇일까 하는 근본적인 물음을 제기하면서 자연을 살리고, 사람을 살리고, 사람 간의 관계를 살리는 새로운 대안으로 주목받고 있다.

이 책은 매력적인 흙건축의 세계로 우리를 안내한다. 흙 입자의 세밀한 부분에서부터 그로 인해 생겨나는 다양한 변주인 건축의 여러 모습을 보여준다. 또한 현상적인 새로움에서부터 아주 심오한 과학적 측면에 이르기까지 경이로운 지식들을 선사한다. 흙이란 무엇이고, 어떻게 작용하며, 어떤 건축을 가능하게 하는지에 대한 흙건축의 거의 모든 부분을 흥미로운 사진과 함께 이야기한다. 이 책은 우리에게 아주 큰 축복이다.

파리 제4대학에서 예술사학으로 박사학위를 받은 김순웅 박사와 현대적 흙건축 재료를 개발해온 조민철 연구원은 이 책의 저자와 직접 왕래하며 이 책을 접하게 되었다. 이후 책이 지닌 가치에 매료되어 한국에 소개하기 위해 많은 시간과 마음을 쏟으며 번역의 노고를 마다하지 않았다. 감수를 하면서 사진 하나하나, 문장 하나하나에 공을 들인 역자의 마음을 느낄 수 있었다. 역자들에게 감사의 마음을 전한다.

한국흙건축연구회 이사로 활동하면서 우리나라의 흙건축 연구와 저변 확대를 위해 노력해온 역자들의 노력으로 우리는 흙건축을 올바르게 이해하는 데 많은 도움을 받아왔고, 이 책으로 인해 흙건축의 이론적 토대를 일구는 데 한걸음 더 다가설 수 있게 되었다. 이 책의 출판을 계기로 앞으로 우리 나라 흙건축이 제대로 된 방향으로 더 알차게 발전하기를 기대한다. 역자들의 노력에 다시 한번 감사의 마음을 전한다.

황혜주
한국흙건축연구회 대표
목포대학교 건축학과 교수

추천의 글

크라테르의 래티티아 퐁텐과 로맹 앙제가 만든 이 책은 대중적이면서 지혜롭고 위대한 예술인 흙건축의 과거와 현재와 미래의 세계로 독자를 초대한다. 이 책을 통해 우리 주변 어디서나 찾을 수 있는 건축적으로 우수한 흙의 매력을 경험할 수 있을 것이다.

역사적으로 원시 사회의 주거부터 고대 문명의 피라미드, 중국의 만리장성을 비롯해 유럽의 르네상스에서 근대 시대에 이르는 많은 역사적 건축물이 흙으로 지어졌다. 아프리카와 아메리카 대륙, 중앙아시아, 한국과 일본을 포함하는 광범위한 지역에서 사람들은 나무 구조에 흙을 채우거나 햇볕에 말려 벽돌로 만들거나, 거푸집에 흙을 채워 다지는 등 다양한 방식으로 흙을 사용해왔다.

북반구에서는 2차 세계대전 전까지만 해도 시골이나 도시 구분 없이 대다수 주거에 흙이 사용되었고, 남반구에서는 오늘날까지도 계속 사용하고 있다. 그러나 콘크리트와 철, 유리 등의 산업화 재료로 인해 흙건축의 역사는 점점 잊혀갔다. 그러나 오늘날 세계는 재생산이 불가능한 화석에너지 감소로 인해 커다란 격변의 시기를 맞이했고 대체에너지를 개발해야 하는 상황에 직면해 있다.

우리는 문제의 해결책을 과거 역사에서 찾을 수 있다. 그것은 지속 가능 개발이 가능한 흙 콘크리트와 같은 새로운 재료의 구성으로 새로운 길을 찾는 것이다. 이와 함께 기초과학과 응용과학 분야에 가치를 두는 전문 지식 안에서 미래의 해결책을 찾을 수 있다.

이 책에서는 세계 곳곳에서 젊은 건축가들이 시도하는 창의적인 미래의 흙건축을 소개한다. 흙건축은 환경과 그 환경 속에서 살아가는 인간에게 꼭 필요한 건축이다. 이러한 흙건축의 현대화를 위해 지난 30여 년간의 연구와 개발에 힘써온 크라테르의 작업은 현재 세계적으로 널리 알려져 있다.

이 책은 2010년 파리 과학산업관에서 '나의 원초적 흙: 내일의 건축을 위하여'라는 주제의 전시회를 위해 출판되었고, 환경문제와 과학의 진보에 대한 전달력을 높이 평가받아 권위 있는 '로베르발 상'과 '과학의 흥미상'을 수상했다.

최근 몇 년간 함께 연구해온 유네스코 흙건축위원회 일원인 목포대학교 건축학과 교수와 연구원들의 노력으로 이 책을 한국에 선보이게 되어 큰 기쁨을 느낀다. 또한 현대 흙건축 발전에서 중요한 질적 연구와 선구적 역할을 하는 한국 흙건축 관련 연구진들에게 경의를 표한다.

나는 이 책을 통해 독자들이 아름다운 사진과 전문적인 정보와 함께, 오늘날 인류에게 꼭 필요한 지속 가능 개발로서의 흙을 중심으로 한 여행을 함께 즐기길 바란다.

위벡 기요
그르노블 건축대학교 흙건축연구소 책임교수

래티티아 퐁텐 · 로맹 앙제

프랑스 국립 그르노블 건축대학의 흙건축연구소CRAterre에서 흙건축 포스트디플롬 학위를 취득하고, 현재 국립응용과학연구소 재료 분야 엔지니어로 일하고 있다.

2004년 이후 크라테르에서 강의하며 흙재료의 미생물 분야에 관해 연구하고 있다. 또한 크라테르 과학 프로그램인 '물질 · 재료' 연구의 부책임자를 함께 역임하고 있으며, '건설을 위한 입자들 – 흙건축' 프로그램의 계획에서 실행 단계까지 관리하고 있다. 2009~2010년 파리의 과학산업관에서 '나의 원초적 흙: 내일의 건축을 위하여'라는 주제로 전시회를 열었다.

래티티아 퐁텐은 2008년 유네스코에서 주관한 로레알 재단의 '여자 과학상'을 수상했으며, 로맹 앙제와 함께 2009년 '건설을 위한 입자들' 프로그램으로 과학의 대중화 공로를 높이 평가받아 '아돌프 파코 상'을 수상했다. 또한 이 책《건축, 흙에 매혹되다(원제: Bâtir en terre)》의 환경문제와 과학의 진보에 대한 전달력을 높이 평가받아 2010년에 고등교육부가 수여하는 '과학의 흥미 상'과 권위 있는 '로베르발 상'을 공동 수상했다.

김순응

성균관대학교 건축공학과를 졸업했다. 파리 라빌레트 국립건축대학교에서 프랑스 정부 공인 건축사 자격을 획득하고, 파리 제4대학에서 예술사학 박사 학위를 받았다. 이후 그르노블 건축대학 흙건축연구소(크라테르)에서 흙건축 전문가 과정DSA을 마친 후 현재 목포대학교에서 연구교수로 재직하며 다양한 흙건축 프로젝트를 진행하고 있다.

사단법인 한국흙건축연구회 사무국장으로 흙건축 보급을 위해 노력하고 있으며, 2011년부터 굿네이버스가 주관하는 네팔의 빈곤 가정을 위한 '맘센터'와 주거환경개선사업에 설계와 기술 자문을 맡고 있다.

"흙건축에 관심을 갖게 된 것은 흙이 가지고 있는 재료의 평범함과 진솔함이 좋았고 그것이 건축을 좀 더 많은 사람이 함께 누릴 수 있게 하는 이유라는 생각 때문이었다. 그리고 흙을 통해 건축은 세월을 담는 그릇이 아니라 그 자체로 세월이 되는 것 같다."

조민철

목포대학교 건축공학과 대학원에서 흙건축 재료를 전공했다. 그르노블 건축대학 흙건축연구소(크라테르)에서 흙건축 전문가 과정DSA을 마치고, 초청연구원으로 흙건축 관련 연구를 진행하고 있다. 현재 그르노블 제2대학에서 흙건축 전공으로 박사학위 과정을 밟고 있다.

흙건축 재료회사인 (주)클레이맥스의 본부장으로 재직 중이며, 사단법인 한국흙건축연구회 창립 구성원으로 국내외의 다양한 흙건축 활동에 참여하고 있다.

"흙건축은 가장 원초적인 인간의 건축 행위를 담고 있는 인류의 문화유산이다. 또한 인간과 건축의 관계를 근본적으로 이해할 수 있도록 해줄 뿐만 아니라, 건축의 과거와 현재와 미래를 조망해준다. 나는 흙건축을 통해 인간과 자연이 함께해야 할 미래 건축의 실마리를 찾고 있고, 더불어 살아가는 삶의 가치를 이해하기 위해 노력하고 있다."

건축, 흙에 매혹되다

지속 가능한 도시의 꿈

1판 1쇄 펴냄 2012년 3월 2일
1판 2쇄 펴냄 2014년 2월 5일

지은이 래티티아 퐁텐·로맹 앙제
옮긴이 김순웅·조민철
감 수 황혜주

펴낸이 송영만
펴낸곳 효형출판
주소 우413-756 경기도 파주시 회동길 125-11(파주출판도시)
전화 031 955 7600
팩스 031 955 7610
웹사이트 www.hyohyung.co.kr
이메일 info@hyohyung.co.kr
등록 1994년 9월 16일 제406-2003-031호

ISBN 978 - 89 - 5872 - 108 - 6 03540

값 20,000원